Pro/ENGINEER 教程与范例

主　编　许尤立
副主编　王树福　华小红
参　编　严道发　唐胤明　缪菊霞
　　　　庄金雨　余　佞　熊小娟

国防工业出版社
·北京·

内 容 简 介

本书在 Pro/ENGINEER Wildfire 4.0 的基础上新增了很多人性化的功能,操作方面也得到了简化,从而可使设计者大大缩短设计时间。全书共分8章,内容包括 Pro/E 的新功能简介、参数化草绘功能、基准特征、基础特征、工程特征、特征操作、零件装配、工程图设计等。

本书内容新颖、讲解详细、通俗易懂,并具有很强的实用性和操作性。不仅适合作为大中专院校模具和数控加工专业的教材,而且可作为产品设计爱好者自学和从事产品设计的初中级用户的自学书。

图书在版编目(CIP)数据

Pro/ENGINEER 教程与范例 / 许龙立主编. —北京:
国防工业出版社,2011.10
ISBN 978-7-118-07762-9

Ⅰ.①P… Ⅱ.①许… Ⅲ.①模具 – 计算机辅助设计
– 应用软件 Ⅳ.①TG76 – 39

中国版本图书馆 CIP 数据核字(2011)第 208510 号

※

国防工业出版社出版发行
(北京市海淀区紫竹院南路 23 号 邮政编码 100048)
北京奥鑫印刷厂印刷
新华书店经售
*
开本 787×1092 1/16 印张 18½ 字数 338 千字
2011 年 10 月第 1 版第 1 次印刷 印数 1—4000 册 定价 29.80 元

前　言

Pro/ENGINEER(简称 Pro/E)是美国 PTC(Parametric Technology Corporation,参数化技术)开发的大型 CAD/CAE/CAM 集成软件。Pro/E 系统横跨许多行业,如航空、汽车、模具、家电、通信等。PTC 的软件产品的总体设计思想体现了 MDA(Mechanical Design Automation,机械设计自动化)软件的发展趋势,它所采用的新技术与其他 MDA 软件相比具有较大的优越性,该软件是目前最优秀的三维实体建模软件之一。

PTC 突破 CAD/CAM/CAE 的传统观念,提出了参数化、特征建模和全相关统一数据库的 CAD 设计新理念。正是采用了这种独特的建模方式和设计思维,Pro/E 表现出不同于一般 CAD 软件的优势建模特性。Pro/ENGINEER Wildfire 4.0 在 Pro/ENGINEER Wildfire 3.0 的基础上新增了很多人性化的功能,操作方面也得到了简化,从而可使设计者大大缩短设计时间。

内容安排完全从读者的接受角度出发,从 Pro/ENGINEER Wildfire 4.0 的本身功能开始介绍,逐步介绍二维草图、三维建模、特征操作、虚拟装配、工程图等几个模块。

本书在解决方案上具有独特性:分析企业常见问题,引领读者认识并发现问题,分析问题,最后解决问题,同时配有大量案例与练习。

本书的章节结构安排合理,知识点由浅入深、由基础到高级、由原理到应用、由发现到解决,逐步提高读者操作软件及解决问题的能力。

本书内容新颖、讲解详细、通俗易懂,具有很强的实用性和操作性,不仅适合作为大中专院校模具和数控加工专业的教材,而且可作为产品设计爱好者自学和从事产品设计的初中级用户的自学书。本书由苏州工业园区职业技术学院许尤立担任主编,南京维拓科技有限公司 PTC 专业讲师王树福和苏州工业园区职业技术学院华小红担任副主编,参加编写工作的还有苏州工业园区职业技术学院严道发、唐胤明,江阴华姿职业学校缪菊霞,宿迁经贸职业技术学院庄金雨,南通工贸技师学校余佞,钟山职业技术学院熊小娟。在编写过程中,我们力求精益求精,但难免存在一些不足之处,敬请广大读者批评指正。

编者

2011 年 8 月

目　　录

第1章　Pro/E 的新功能简介

4.0 蕴涵了丰富的最佳实践,可以帮助用户更快、更轻松地完成工作。该版大幅提高了个人和流程效率。

野火版在推出之时即提出了简单易用、功能强大、互联互通三大特点,随着野火 4.0 的推出,这些特点更加显著地得到体现。

(1) 在野火 4.0 之前,扫描混合特征(Swept Blend)通过菜单管理器进行操作来选择创建特征所需要的轨迹线、截面等元素,并定义曲面间的相切进行特征的创建,如图 1 – 1 所示。

图 1 – 1　扫描混合操作界面

而在野火 4.0 中,采用了图标板和窗口操作结合的方式进行曲面创建和相切定义,特别是相切定义,直接在工作窗口中利用鼠标操作即可完成,大大提高了工程师设计的效率。如图 1 – 2 和图 1 – 3 所示。

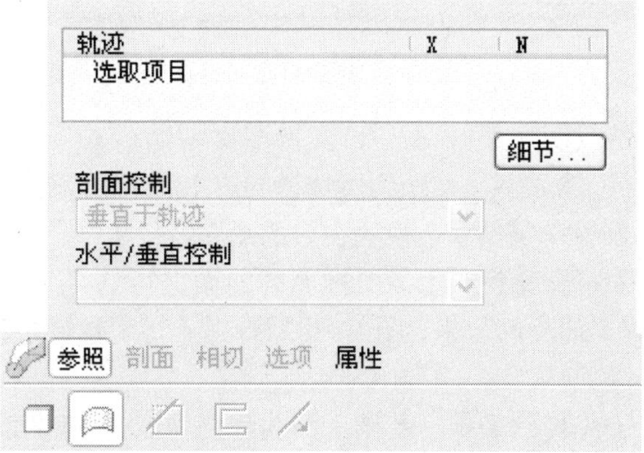

图 1 – 2　混合扫描操作面板

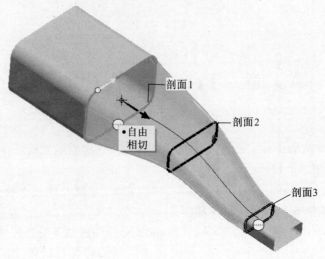

图 1-3　混合扫描曲面

（2）野火 4.0 的用户自定义特征放置方式抛弃了菜单管理器,进入窗口操作界面,方便了用户的管理,如图 1-4 所示。

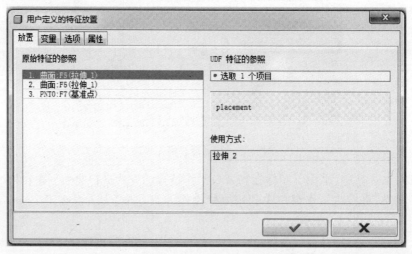

图 1-4　用户自定义特征

（3）野火 4.0 中的复制特征(Ctrl + C)支持多次粘贴(Ctrl + V)操作,例如可以简单地复制一个导圆角特征,然后多次粘贴到所选择的边上,从而实现这些边的快速导圆角操作。复制和粘贴可以被用在包括钣金模块在内的众多特征上。

（4）野火 4.0 抽壳特征支持对不需要抽壳的曲面进行选择从而保证抽壳的准确性。图 1-5 是野火 3.0 版本抽壳的效果;图 1-6 是野火 4.0 版本经过排除杯子把手部位曲面后抽壳的效果。

（5）阵列功能进一步得到增强。新增了曲线阵列功能、跟随曲面阵列、阵列后再阵列等功能,如图 1-7 ~ 图 1-9 所示。

（6）在草绘器下提供了常用的草绘截面,如工字、L 形、T 形截面,并且可以根据客户需要自定义截面进行保存,以便将来使用,大大提高了草绘截面的效率,如图 1-10 所示。

图1-5　未排除把手抽壳

图1-6　排除把手抽壳

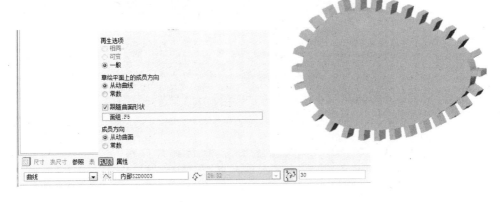

图1-7　曲线阵列

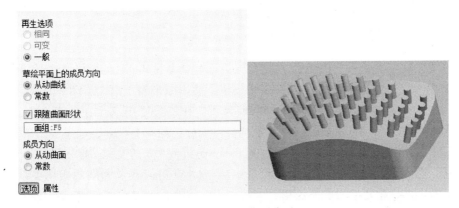

图1-8　跟随曲面阵列

（7）简化了退出草绘器的确认步骤。在野火4.0版本以前，需要进行三次退出的操作才可以退出草绘器回到默认环境；而野火4.0版本则只需要一次退出操作即可回到默认环境。

（8）草绘器下对字体的支持得到了扩充，增加了OpenType Fonts（OTF）字体，此字体支持库扩充以及字距调整。

图 1 – 9　阵列再阵列

图 1 – 10　草绘调色板

　　(9) 装配已经完全使用图标板模式操作,更符合野火版 Pro/E 的风格,装配和机构运动可以在图标板环境中随意切换,支持在装配环境下使用原来属于机构运动中的拖动功能查看模型,并且可以实时显示各元件之间的干涉情况。在装配时,只需要在零件和组件中分别选择装配的参考元素,如曲面或者轴线,系统会自动分析约束类型并自动添加约束,实现了鼠标不离开工作窗口即完成装配的功能,图 1 – 11 是野火 4.0 的装配图标板环境。

　　(10) 在 ISDX(交互式曲面设计)模块中,野火 4.0 可以对曲面间的相切关系直接进行定义,通过选择相切或者曲率连续即可定义曲面间的关系,软件会把相关的没有相切关系的曲线间自动添加相切关系,从而节省了软件设计曲面的时间,提高了设计曲面的效率。

　　(11) 在 ISDX(交互式曲面设计)模块中,新增加了绘制圆和圆弧的工具,提高了交互式曲面设计模块的曲线创建能力,如图 1 – 12 所示。

　　(12) 野火 4.0 在渲染方面有了很大的改进,除了提供了场景的编辑和保存功能外,还推出了全新的球形灯光控制方法,可以通过拖拽在 3D 空间内精确的进行灯光控制,如图 1 – 13 所示。

图 1 – 11　装配设置操作面板

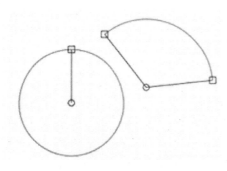

图 1 – 12　绘制圆和圆弧

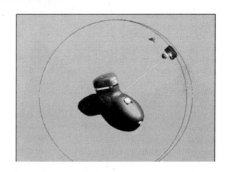

图 1 – 13　渲染

除此以外,野火 4.0 还允许用户编辑 PhotoLUX 材质库,并支持业界知名的 Lightworks 材质库。

(13) 在二维工程图方面,野火 4.0 支持了目前比较流行的放置着色视图的功能(图 1 – 14),并支持在 3D 视图上创建剖截面。

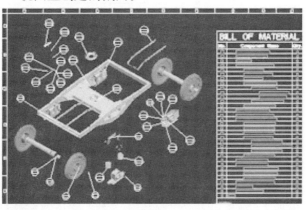

图 1 – 14　工程图

支持将 BOM 表输出为 Excel 软件支持的 CSV 格式,方便用户利用 Excel 软件编辑用户材料清单。

以上简单地介绍了野火 4.0 在其常用的基本模块中的功能增强,其他模块如钣金、加工、逆向设计、结构强度分析等都有较大的变化,让我们共同享受设计的乐趣吧。

第2章 参数化草绘功能

学习要点：

（1）草绘文件的建立。

（2）各种草绘工具的应用。

（3）约束的应用。

（4）尺寸标注及修改。

（5）图元编辑的各种方法（包括修建、镜像等）。

（6）草绘技巧。

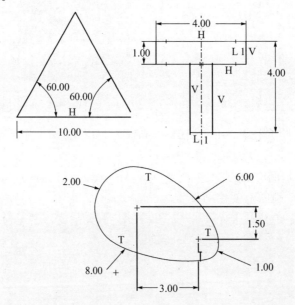

2.1 草 绘 概 述

Pro/E 中进行三维模型设计时，首先需要创建基础特征，然后再进行加材料、去除材料来完成三维模型的创建。在整个设计过程当中，草绘是最基本和最关键的的设计步骤。只有熟练掌握各种绘图工具的使用技巧，才能为完成后面的三维设计。

如图 2-1 所示，草图主要由三个部分组成，即几何图元、尺寸、约束。草绘二维截面的一般流程是：粗略草绘几何图元→添加或删除约束→编辑图元→标注尺寸并修改尺寸，如图 2-2 所示。

本章将以草绘的流程为讲解流程，依次展开、细化讲解。

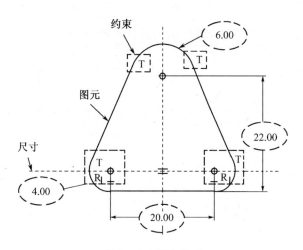

图 2-1　草绘截面

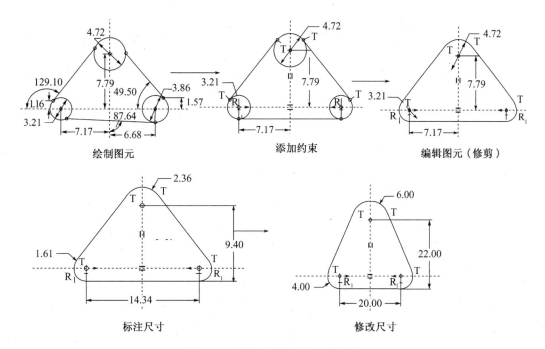

图 2-2　草绘二维截面的一般流程

2.2　进入草绘模式

进入草绘模式的方式有以下两种。

1. 单一模式

操作步骤如下：

（1）选择菜单中的【文件】→【新建】命令（或者直接单击工具栏上的 按钮，也可以按 < Ctrl + N > 组合键），如图 2-3 所示。

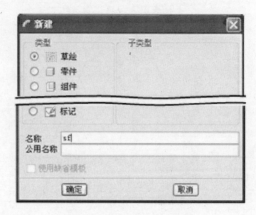

图 2-3　新建草绘文件

（2）在图 2-2 中，选择文件类型为"草绘"，并输入文件名为"sf"，然后单击"确定"按钮，进入草绘模式，如图 2-4 所示。

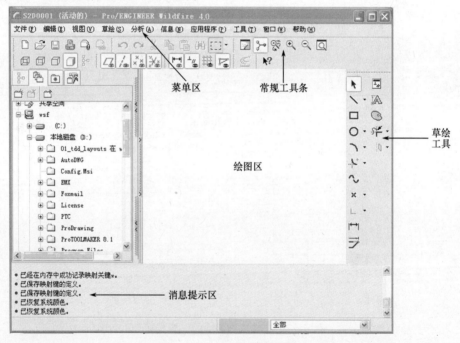

图 2-4　草绘界面

草绘界面主要由 5 个区域组成：

① 草绘（绘图）区：用来绘制草绘和标注尺寸的区域，屏幕中间的大窗口。

② 常规工具条：包括一些 Windows 常用的工具图标和 Pro/E 视图操作的常用工具图标，还有一些草绘图元的显示状态设置的工具图标。

③ 草绘工具区：常用草绘（Sketch）命令的图标，可以利用它来实现快捷的草绘命令。

④ 菜单命令区：有关草绘的绘图指令、设置指令、分析指令等所有有关草绘的操作指令都可以在这个区的某个对应子菜单中找到。

⑤ 消息提示区:对新手很有用的一个信息提示区。用来显示当前指令操作的需求和反馈信息,通过这些信息用户可以知道该进行什么样的操作。

2. 3D 模式

创建一些特征的过程中,如拉伸、旋转、扫描、混合等特征,系统会提示使用草绘的方法构建截面,下面以拉伸特征为例。

操作步骤如下:

(1)选择菜单中的【文件】→【新建】命令(或者直接单击工具栏上的 按钮),选取文件类型为"零件",输入文件名称为"sf",取消"使用缺省模板",然后单击"确定"按钮,如图 2-5 所示。

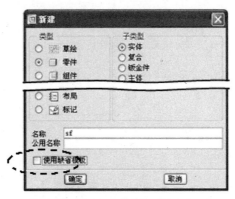

图 2-5 新建文件

(2)从新文件选项框选择 mmns_part_solid 做为零件模板,然后单击"确定"按钮,如图 2-6 所示。

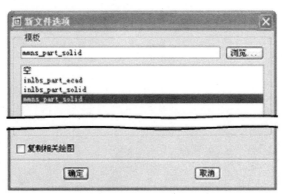

图 2-6 模板选取

关于模板:Pro/E 默认的模板为英制模板,如需采用公制模板,则需要选择 mmns_part_solid。

(3)从选择菜单中的【插入】→【拉伸】命令(或单击右侧工具栏中的),在弹出的"拉伸"操作面板中,单击"放置"按钮,弹出放置上滑面板,单击"定义"按钮,如图 2-7 所示。

(4)选取草绘平面和参照平面,如图 2-8 所示,单击"草绘"按钮,进入草绘模式,如图 2-9 所示。

图 2-7　操作面板

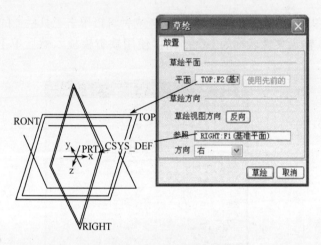

图 2-8　草绘平面选取

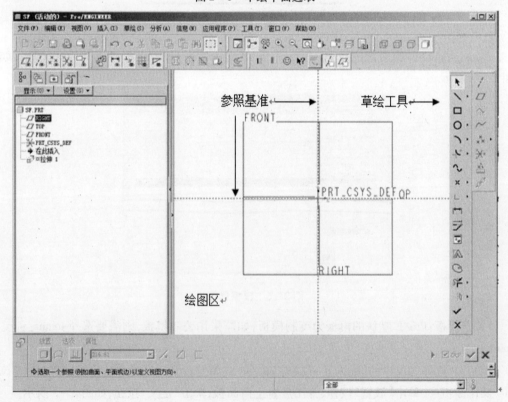

图 2-9　草绘界面

2.3 "草绘器"工具栏

草绘图过程中,通过"恢复草图的视图模式"按钮,可以将视图快速回到绘图初始视角,通过对于草绘图中"尺寸"、"约束"等元素,也可以通过工具按钮切换是否显示,如图 2 – 10 所示。

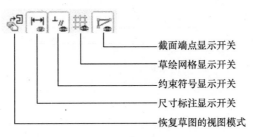

图 2 – 10 草绘器工具栏

2.4 几何图元绘制

基本几何图元包括直线、矩形、圆、圆弧、样条曲线、文本等,它们是绘制截面图最常用的基本内容,下面介绍各种绘图工具的应用。

2.4.1 草绘命令介绍

草图的绘制可通过草绘工具按钮、草绘菜单或右键菜单完成绘制。

1. 草绘工具按钮

草绘工具按钮如图 2 – 11 所示。

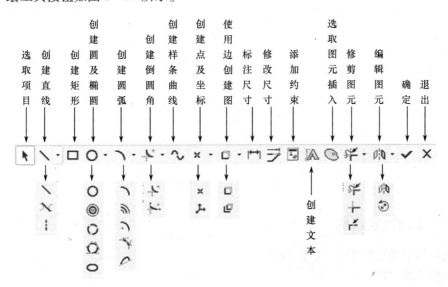

图 2 – 11 草绘工具按钮

2. 下拉菜单

单击主菜单中的【草绘】命令,弹出如图 2-12 所示的菜单。

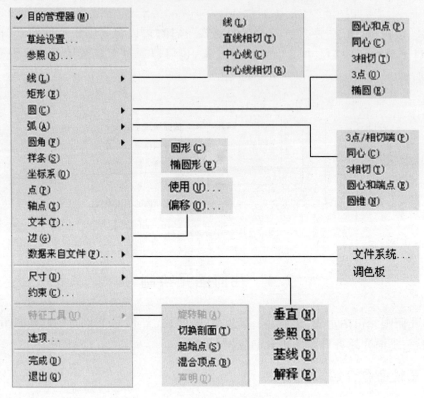

图 2-12　草绘菜单

3. 右键菜单

在绘图区任意位置按住右键,出现如图 2-13 所示的菜单。

注意:在没有选择任何草绘对象前提下,按住右键。

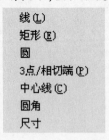

图 2-13　右键菜单

2.4.2　草绘对象选取

选取的对象包括图元、尺寸、约束。

对象选取方法:

(1) 选取单个对象时,将鼠标放置在选取对象上(此时对象加亮),单击该对象(被选取对象变成红色)。

（2）选取多个对象时,可按 < Ctrl + 选取对象 > 组合键选取。

（3）框选多个对象。

（4）配合过滤器选取对象,如图 2 - 14 所示。

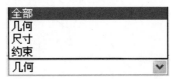

图 2 - 14　过滤器

2.4.3　绘制几何图元

下面介绍各种几何图元的绘制方法。在进行绘制前将尺寸显示设为不显示,可单击

![按钮图标]按钮。

1. 绘制圆

1）通过圆心和圆上一点确定圆,操作步骤(图 2 - 15)如下:

（1）单击圆命令按钮 ○。

（2）在绘图区单击,放置圆心,拖动鼠标光标,改变圆的大小,单击确定圆大小。

图 2 - 15　绘制圆过程

2）绘制同心圆

操作步骤(图 2 - 16)如下:

（1）单击圆命令按钮 ○ 中的 ˇ,再单击 ◎ 按钮。

（2）选取一个参照圆或一个圆弧边的来定义圆心

（3）拖动鼠标指针,改变圆的大小,单击左键确定同心圆的大小。

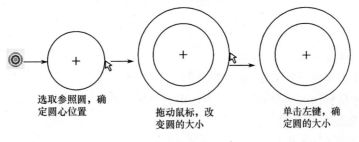

图 2 - 16　绘制同心圆

3）通过三点绘制圆

操作步骤(图 2 - 17)如下:

（1）单击圆命令按钮 中的 。

（2）在草绘区中第 1 点、第 2 点、第 3 点位置依次单击。

（3）拖动鼠标改变圆的大小，单击确定圆的大小。

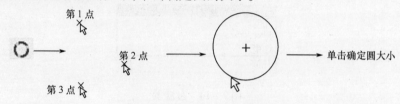

图 2－17　通过三点绘制圆

（4）创建与三个图元相切的圆，如图 2－18 所示，可创建分别与圆弧、直线相切的圆。

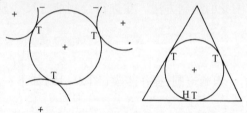

图 2－18　创建与三个图元相切的圆

操作步骤（图 2－19）如下：

（1）创建一个三角形，无尺寸要求。

（2）单击工具按钮 ，依次点选三段直线

（3）单击中键，结束圆绘制。

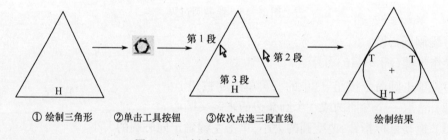

①绘制三角形　　②单击工具按钮　　③依次点选三段直线　　　　绘制结果

图 2－19　创建与三个图元相切的圆

2．绘制椭圆

（1）单击圆命令按钮 中的 。

（2）在绘图区某位置单击，放置椭圆圆心。

（3）移动鼠标，改变椭圆的大小，单击左键确定椭圆大小。

3．绘制直线和中心线

1）绘制线段（2 点方式）

操作步骤如下：

（1）单击工具栏中直线命令按钮 。

（2）在绘图区线段的起点位置单击鼠标左键，这时一条"橡皮筋"线附在鼠标指针上。

（3）拖到鼠标至终点位置，单击鼠标左键，即可创建出如图 2-20 所示的各类直线。

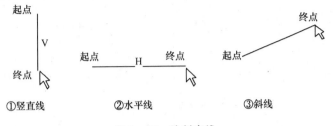

①竖直线　　　　　②水平线　　　　　③斜线

图 2-20　绘制直线

（4）重复步骤 3，创建与其相连的其他直线，如图 2-21 所示。

（5）单击鼠标中键，结束直线绘制，双击中键则退出绘制直线命令。

2）绘制相切直线（图 2-22）

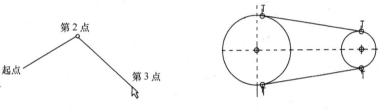

图 2-21　绘制多段线　　　　　　　　图 2-22　绘制相切圆

操作步骤如下：

（1）绘制如图 2-23 所示的圆。

（2）绘制如图 2-24 所示的小圆。

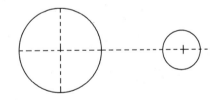

图 2-23　绘制圆　　　　　　　　　图 2-24　绘制小圆

（3）单击工具栏中的 ⊠ 按钮，在大圆图元上（起点位置）单击左键，然后再在小圆图元上（终点位置）单击，绘制出两圆的切线，如图 2-25 所示。

（4）以同样的方式绘制另一段相切线，如图 2-26 所示。

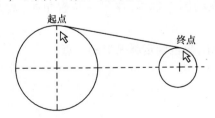
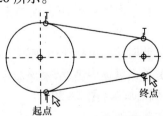

图 2-25　绘制相切线　　　　　　　　图 2-26　绘制另一段相切线

（5）双击中键结束相切线绘制。

3）中心线绘制（图 2 - 27）

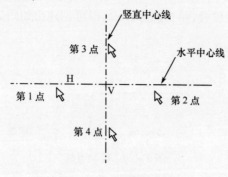

图 2 - 27　绘制中心线

操作步骤如下：

（1）单击直线命令按钮 ╲·中的 ┆。

（2）在绘图区任意位置单击,一条中心线附在鼠标指针上。

（3）在另一位置单击,完成中心线绘制,如需继续绘制可重复步骤（2）,结束此命令操作可单击单击鼠标中键。

4. 绘制矩形

操作步骤（图 2 - 28）如下：

（1）单击矩形命令按钮□。

（2）在绘图区任意位置单击,移动鼠标指针到另以位置,单击确定矩形大小。

（3）单击鼠标中键,结束该命令操作。

5. 绘制圆弧

1）通过三点绘制圆弧（图 2 - 29）

图 2 - 28　绘制矩形　　　　　图 2 - 29　通过三点绘制圆弧

操作步骤如下：

（1）单击圆弧命令按钮 ╲·中的 ╲。

（2）在绘图区的任意位置单击,放置圆弧的第 1 端点,在另一位置单击,放置第 2 端点。

（3）此时移动鼠标光标,圆弧呈皮筋样变化,单击确定圆弧上的一点。

（4）单击鼠标中键,结束该命令操作。

2）同心圆弧（图 2 - 30）

操作步骤如下：

（1）单击圆弧命令按钮 ╲·中的 ▧。

（2）选取参照圆或圆弧边,定义圆弧圆心位置。

（3）移动鼠标光标，改变圆弧大小，单击确定圆弧第 1 端点，顺时针或逆时针移动光标，单击确定圆弧的第 2 端点。

（4）单击鼠标中键，退出该命令操作。

3）通过圆弧圆心和端点创建圆弧（图 2-31）

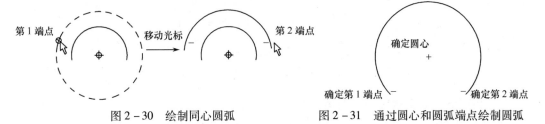

图 2-30　绘制同心圆弧　　　　图 2-31　通过圆心和圆弧端点绘制圆弧

操作步骤如下：

（1）单击圆弧命令按钮 ⌐·中的 ⌐。

（2）在绘图区的任意位置，单击确定圆心位置，移动鼠标光标位置改变圆弧半径大小，单击确定圆弧第 1 端点，瞬时针或逆时针移动光标，单击确定第 2 端点位置。

（3）单击鼠标中键，结束该命令操作。

4）创建与三个图元相切的圆弧（图 2-32）

操作步骤如下：

（1）单击圆弧命令按钮 ⌐·中的 ⌐。

（2）依次选取三图元。

（3）单击鼠标中键，结束该命令操作。

5）创建圆锥弧线（图 2-33）

操作步骤如下：

（1）单击圆弧命令按钮 ⌐·中的 ⌐。

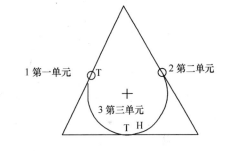

图 2-32　创建与三个图元相切的圆弧

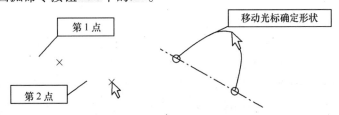

图 2-33　创建圆锥曲线

（2）在绘图区单击两点，确定圆弧曲线的两端点

（3）移动光标，圆锥呈橡皮筋样变化，单击去顶圆弧的"尖点"位置。

6. 创建倒圆角

1）在两图元间创建圆形圆角（图 2-34）

操作步骤如下：

（1）单击倒圆角命令按钮 ⌐·中的 ⌐。

（2）分别选取要创建圆角的两个图元，系统将自动创建圆角。

注意：在创建倒圆角和椭圆形圆角时，如果所选图元是两条直线，则创建圆角后，系统会自动将两个图元修剪至交点；如果两个图元中有一个是圆弧，则系统不会自动修剪

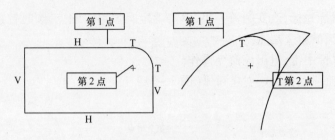

图 2 - 34　创建倒圆角

图元。

2）在两图元间创建椭圆形圆角

操作步骤如下：

（1）单击倒圆角命令按钮 中的 。

（2）分别选取要创建圆角的两个图元,系统将自动创建椭圆形圆角。

7. 样条曲线（图 2 - 35）

图 2 - 35　样条曲线

操作步骤如下：

（1）单击样条曲线按钮 。

（2）单击一点,确定样条曲线起始点,继续单击一系列的点,便创建一条通过这些点的样条曲线。

（3）单击鼠标中键,结束样条曲线绘制。

注意：在绘制样条曲线前,往往先绘制一些样条曲线上的点,定义好这些点的位置后,再通过点创建样条曲线。

8. 点和坐标系的创建

在 Pro/E 中,点和坐标系的创建方式相似,所以在这里将两个知识点放在一起介绍。如图 2 - 36 所示

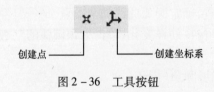

图 2 - 36　工具按钮

操作步骤如下：

（1）单击命令按钮。

（2）在绘图区单击,确定点或坐标系位置。

（3）单击鼠标中键,结束该命令操作。

9. 将图元转化为构建图元

在草绘过程中,可将直线、圆弧和样条曲线等图元,转化为构建图元(用来做辅助线或参照线作用),构建线图元用虚线显示,如图 2 – 37 所示。

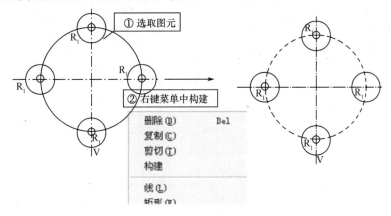

图 2 – 37　将一般图元转化为构建图元

操作步骤如下:

(1)选取要转化的图元。

(2)单击鼠标右键,选取右键菜单中的"构建"命令。

10. 创建文本(图 2 –38)

操作步骤如下:

(1)单击文本命令按钮 $\boxed{A}$。

(2)在绘图区单击一点作为起点,再移动鼠标单击一点作为终点,此时两点之间会显示一条直线构建线,直线的高度尺寸决定文本字体高度,如图 2 – 39 所示。

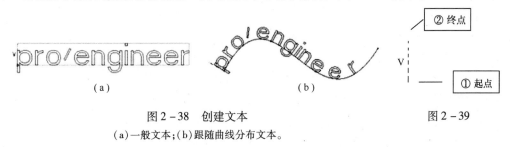

图 2 – 38　创建文本　　　　　　　　　　　　　　　图 2 – 39
(a)一般文本;(b)跟随曲线分布文本。

(3)系统弹出"文本"对话框,在文本行中输入文本内容,如图 2 – 40 所示

注意:在单一模式下和 3D 模式下,出现的"文本"对话框有所区别,单一模式下可直接输入文本内容(一般应少于 79 个字符),3D 模式下,则可以通过"手工输入文本"和"使用参数"两种方式创建。

字体:从 PTC 提供的字体和 TrueType 字体列表中选取一类。

位置:选取水平和竖直位置的组合以放置文本字符串的起始点。

水平:在水平方向上,起始点可位于文本的左边、中间和右边。

垂直:在垂直方向上,起始点可位于文本的底部、中间和顶部。

长宽比:使用滑动条增加或减少文本的长宽比。

19

（a）　　　　　　　　　　　　　　　　　（b）

图 2 - 40　"文本"对话框

（a）单一模式下；（b）3D 模式下。

斜角：使用滑动条增加或减少文本的倾斜角度。

沿曲线放置：选中复选框，可沿着一条曲线放置文本，需要选取要在其上放置文本的曲线，如图 2 - 41 所示。

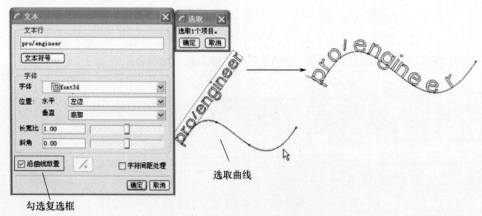

图 2 - 41　跟随曲线分布文本

字符间距处理：启用文本字符串的字体字符间距处理。这样可控制某些字符对之间的空格，改善文本字符串的外观。字符间距处理属于特定字体的特征。（或者可设置 sketcher_default_font_kerning 配置选项，以自动为创建的新文本字符串启用字符间距处理。）

文本反向：单击文本反向按钮，可改变文本的方向，如图 2 - 42 所示。

（4）单击"确定"按钮，完成文本创建。

11. 使用边创建图元

只有在 3D 模式下进入草绘，并且具有基础特征的前提下，使用边命令才可使用。

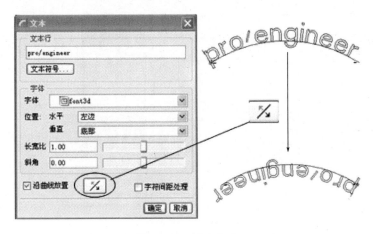

图 2 - 42　反向文本

1) 通过边 □

(1) 单个方式,如图 2 - 43 所示。

单个:从单一边创建草绘图元。

操作步骤如下:

① 单击工具按钮 □ 。

② 选取参照边。

③ 单击鼠标中键,结束操作。

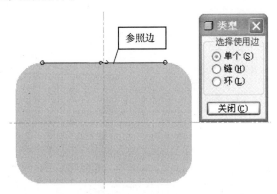

图 2 - 43　单个方式

(2) 链方式,如图 2 - 44 所示。

链:通过链方式选取参照边的起始段和终止段,系统会自动将相邻的线段选中,创建整段图元。

操作步骤如下:

① 单击工具按钮 □ 。

② 选取参照边的起始端和终止段。

③ 单击鼠标中键,结束操作。

(3) 环方式,如图 2 - 45 所示。

环:通过环方式选取参照边的任意段,系统会自动将所有与其相邻的线段选中,形成

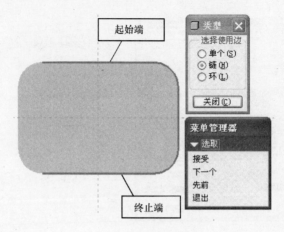

图 2-44　链方式

一个封闭环创建整段图元。

　　操作步骤如下：

　　① 单击工具按钮 □ 。

　　② 选取参照边的任意段。

　　③ 单击鼠标中键，结束操作。

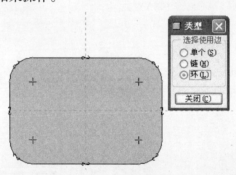

图 2-45　环方式

2）通过边偏移 □

　　通过边偏移的操作方式可参照使用边创建图元的操作方式，在此不再叙述。如图 2-46 所示为各种边的偏移方式。

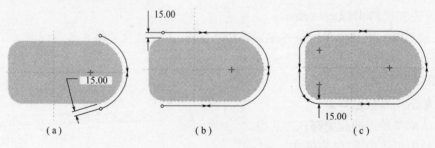

（a）　　　　　　　　　　（b）　　　　　　　　　　（c）

图 2-46　边的偏移方式

（a）单个偏移方式；（b）链偏移方式；（c）环偏移方式。

12. 草绘调色板

草绘调色板是 Pro/E4.0 中新增的功能,单击 按钮,可以将"草绘器调色板"的外部数据插入到绘图区域中,操作方式如图 2-47 所示。

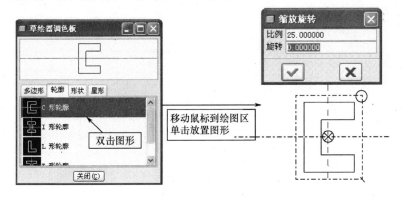

图 2-47　草绘器调色板

2.5　关 于 约 束

草绘几何时,系统使用某些假设来帮助定位几何。当光标出现在某些约束公差内时,系统捕捉该约束并在图元旁边显示其图形符号。如图 2-48 所示,共 9 种约束方式。

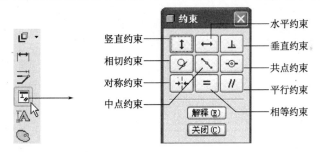

图 2-48　约束命令

(1) 约束符号的显示控制:单击工具栏中的 按钮,即可控制约束符号的显示/关闭。

(2) 创建约束过程:单击约束命令,然后选择约束对象。

(3) 各种约束符号的列表:关于各种约束的显示符号见表 2-1。

表 2-1　约束符号列表

图标	约 束 名 称	约束显示符号
\	中点	＊
⊙	相同点	❍
↔	水平图元	H

23

（续）

图标	约束名称	约束显示符号
↕	竖直图元	V
⌀	相切图元	T
⊥	垂直图元	⊥
∥	平行线	⫽
=	相等半径	带有一个下标索引的 R（如 R1、R2 等）
=	具有相等长度的线段	带有一个下标索引的 L（如 L1、L2 等）
⫲	对称	→← ←→
↕ ↔	图元水平或竖直排列	- - ¦
◉	共线	═
▢ ▢	使用"边/偏移边"	∿

1. 竖直约束 ↕

使用竖直约束，可使直线或两端点竖直，如图 2-49 所示。

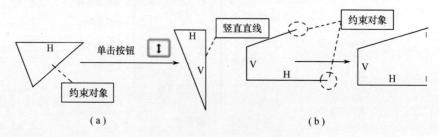

图 2-49　竖直约束
（a）直线竖直约束；（b）端点竖直约束。

2. 水平约束 ↔

使用水平约束，可使直线或两端点水平，如图 2-50 所示。

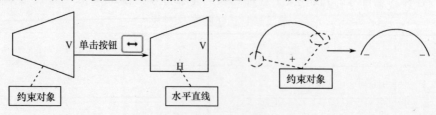

图 2-50　水平约束
（a）直线水平约束；（b）端点水平约束。

3. 垂直约束 ⊥

使用垂直约束,可使两图元正交,如图 2 - 51 所示。

图 2 - 51　垂直约束

4. 相切约束 ⚲

使用相切约束,可使两图元相切,如图 2 - 52 所示。

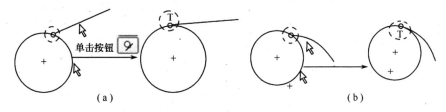

（a）　　　　　　　　　　　　　　　　　　　　（b）

图 2 - 52　相切约束

（a）直线与圆弧相切；（b）圆弧与圆弧相。

5. 中点约束 ↘

使用中点约束,可使图元上的点等位于另一直线图元的中点位置,如图 2 - 53 所示。

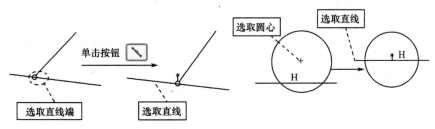

图 2 - 53　中点约束

6. 共点约束 ◉

（1）图元的端点对齐在图元边上,如图 2 - 54 所示。

图 2 - 54　将端点约束在图元上

（2）点和点的对齐,如图 2 - 55 所示。

（3）共线,如图 2 - 56 所示。

7. 对称约束 ⊷

使用对称约束,可使两点相对于中心线对称,如图 2 - 57 所示。

注意:必须有中心线才可以创建对称约束。

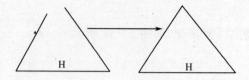

图 2 - 55　点和点对齐

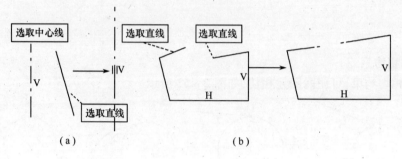

（a）　　　　　　　　　　　　　（b）

图 2 - 56　共线约束

（a）直线与中心线重合；（b）直线和直线共线。

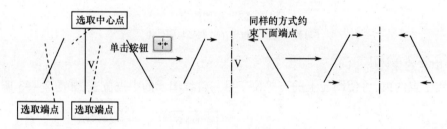

图 2 - 57　对称约束

8. 相等约束 [=]

使用相等约束,可使线段的长度或圆弧的半径相等,如图 2 - 58 所示。

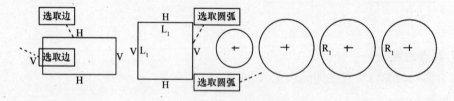

图 2 - 58　相等约束

9. 平行约束 [//]

使用平行约束,可使两线平行,如图 2 - 59 所示。

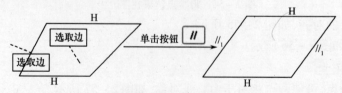

图 2 - 59　平行约束

2.6 草绘的编辑

草绘的编辑主要包括删除、修剪、镜像、缩放和旋转、复制、动态操作等编辑命令。

2.6.1 删除图元

删除图元的方法如下：

(1) 选取图元,按住鼠标右键,在弹出的菜单中选择"删除"命令。

(2) 选取图元,按键盘上的 Delete 键删除。

(3) 选取图元,单击主菜单栏下的【编辑】→【删除】命令。

2.6.2 修剪图元

修剪命令如图 2-60 所示。

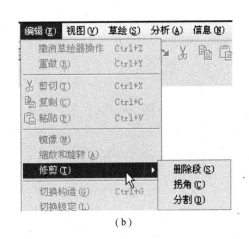

（a） （b）

图 2-60 修剪命令

（a）工具栏按钮；（b）主菜单命令。

1. 删除段应用

操作步骤(图 3-61)如下：

(1) 单击 按钮。

(2) 在绘图区的第 1 点位置按住鼠标左键(不松开)移动鼠标至第 2 点位置,鼠标光标所经过的图元会变成红色。

(3) 松开鼠标左键,删除光标经过的图元。

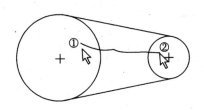

图 2-61 删除段

2. 拐角修剪

操作步骤:

(1) 绘制如图 2-62 所示,左侧的交叉三角形。

(2) 单击 ┣ 按钮。

(3) 选取两段交叉图元的下半部分作为保留侧,结果如图 2-62 右侧所示。

操作步骤:

(1) 绘制如图 2-63 所示,左侧的图形。

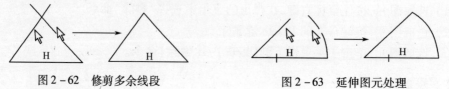

图 2-62 修剪多余线段   图 2-63 延伸图元处理

(2) 单击 ┣ 按钮。

(3) 选取要延伸的两段断开图元(直线及圆弧),结果如图 2-64 右侧所示。

3. 分割图元

操作步骤(图 2-64)如下:

(1) 单击 ┍ 按钮。

(2) 选取图元上要分割的位置(如图 2-64 所示,依次点选中心线和圆的交点)。

(3) 单击鼠标中键,结束命令操作。

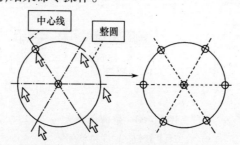

图 2-64 分割图元

2.6.3 镜像及缩放旋转图元

镜像及缩放旋转图元命令如图 2-65 所示。

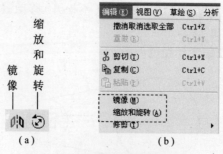

(a)   (b)

图 2-65 镜像及缩放旋转命令

(a)工具栏按钮;(b)主菜单命令。

1. 镜像

对于一些具有对称特性的图元,一般绘制部分图元,然后采用镜像功能进行镜像。图元的镜像参照是中心线,所以在镜像前必须先绘制好中心线,具体操作如图2-66所示。

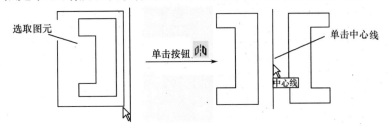

图2-66 镜像图元

2. 缩放和旋转图元

采用缩放旋转功能可以实现图元的缩放、平移和旋转变换操作,具体操作如图2-67所示。

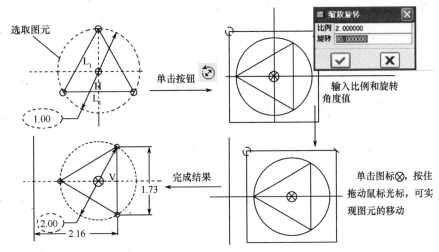

图2-67 缩放和旋转图元的操作过程

(1) 在"缩放旋转"对话框内,输入一个缩放值和一个旋转值。

(2) 拖动"缩放"图标 ↘ 可修改截面的比例;拖动"旋转"图标 ↻ 可旋转截面;拖动"平移"图标 ⊗ 可移动截面。

注意:要移动一个图标,请单击该图标并将它拖动到一个新的位置。

2.6.4 复制图元

复制图元的相关命令如图2-68所示。

操作步骤(图2-69)如下:

(1) 在绘图区选取复制图元(框选时要框住整个图元)。

(2) 单击 ⊡ 按钮(或在绘图区按住鼠标右键,选取右键菜单中的"复制")。

(3) 单击 ⊟ 按钮(或在绘图区按住鼠标右键,选取右键菜单中的"粘贴")。

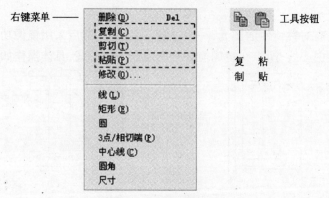

图 2-68 复制粘贴命令

（4）填写缩放旋转对话框中的比例和旋转值,单击"✔"按钮,完成复制操作。

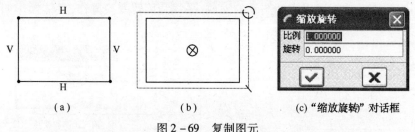

（a）　　　　　　　　　　（b）　　　　　　　　　（c）"缩放旋转"对话框

图 2-69 复制图元

（a）复制图元；（b）粘贴图元；（c）"缩放旋转"对话框。

2.7　尺寸标注

在绘制几何图元的过程中,系统会自动标注尺寸(称为"弱尺寸"),以灰色显示。系统自动标注的尺寸不可能全部符合用户的设计意图,因此需要手动标注尺寸一些尺寸(称为"强尺寸")。"弱尺寸"是不能直接删除的,可以通过增加"强尺寸"或增加约束的方式删除"弱尺寸"。

尺寸标注的合理性对零件的参数化设计十分有必要,合理的尺寸标注更有利于零件的设计变更和修改。

尺寸标注主要分为距离标注、圆和圆弧标注、旋转截面标注、角度标注和椭圆标注。

2.7.1　标注的相关命令

标注的相关命令如图 2-70 所示。

2.7.2　各种标注方法的介绍

尺寸标注可直接单击↔按钮,也可以通过选择菜单中的【草绘】→【尺寸】→【垂直】命令实现。最基本的标注方法是:选取标注图元,单击鼠标中键确定尺寸放置位置。

1. 距离标注

1）线段长度

（1）单击↔按钮。

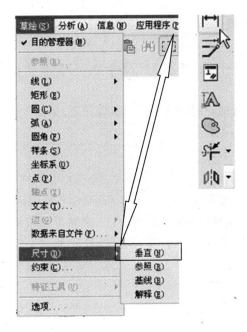

图 2 - 70　标注命令

（2）选取线段,如图 2 - 71 所示,单击位置 1 以选取直线。

（3）单击鼠标中键确定尺寸位置,如图 2 - 71 所示,在位置 2 处单击鼠标中键确定尺寸放置位置。

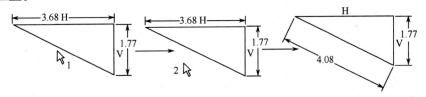

图 2 - 71　线段长度标注

2）线到点的距离

（1）单击 按钮。

（2）分别选择直线和点,如图 2 - 72 所示,单击直线（位置 1）和圆心（位置 2）。

（3）在位置 3 单击鼠标中键确定尺寸的放置位置,如图 2 - 72 所示。

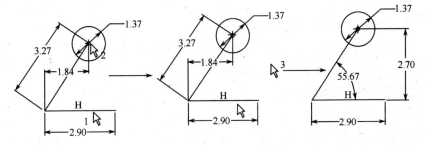

图 2 - 72　线到点的距离标注

3）两平行线间的距离

（1）单击 按钮。

（2）分别选取两条平行线，如图 2-73 所示，分别单击选取位置 1 直线和位置 2 直线。

（3）在位置 3 单击鼠标中键确定尺寸的放置位置，如图 2-73 所示。

4）点到点的距离

（1）单击 按钮。

（2）分别单击选择两点。

（3）单击鼠标中键放置尺寸，如图 2-74 所示，在不同的区域单击鼠标中键创建的尺寸不一样，在 1 区域可创建两点的竖直尺寸，在 2 区域可创建水平尺寸如图 2-75 所示，在 3 区域可创建两点的倾斜尺寸，如图 2-76 所示。

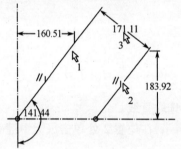

图 2-73　两平行线间的距离标注

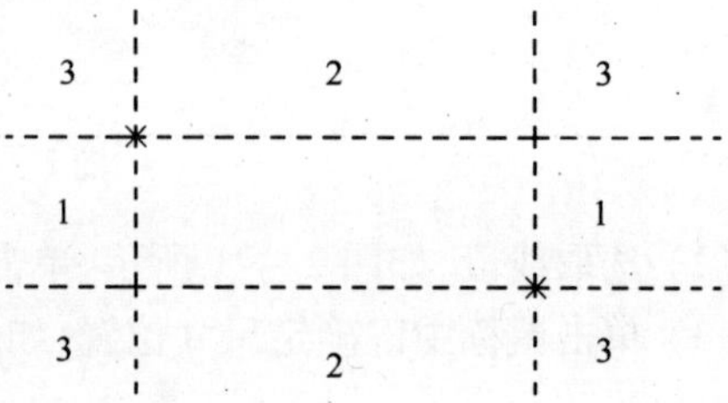

图 2-74

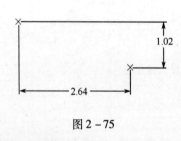

图 2-75

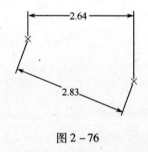

图 2-76

5）圆弧与圆弧的距离

（1）单击 按钮。

（2）分别单击两圆的位置 1 和位置 2，如图 2-77 所示。

（3）在位置 3 处单击鼠标中键，放置尺寸。在弹出的"尺寸定向"对话框中，旋转"竖直"/"水平"，然后单击"接受"按钮。标注尺寸如图 2-77 和 2-78 所示。

2. 圆弧直径和半径标注

1）直径标注

（1）单击 按钮。

（2）在图元位置 1 处双击。如图 2-79 所示。

（3）在位置 2 处，单击鼠标中键，确定尺寸位置。

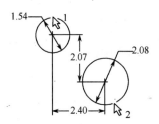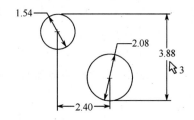

图 2 - 77　两圆的竖直距离标注

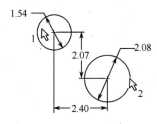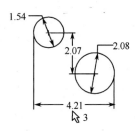

图 2 - 78　两圆的水平距离标注

2）半径标注

（1）单击 按钮。

（2）在图元位置 1 处单击，如图 2 - 80 所示。

（3）在位置 2 处，单击鼠标中键，确定尺寸位置。

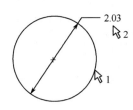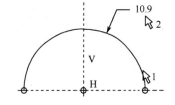

图 2 - 79　直径标注　　　　　图 2 - 80　半径标注

3. 标注角度

1）圆弧角度标注

（1）单击 按钮。

（2）在图元位置 1 处，单击选取圆弧，如图 2 - 81 所示。

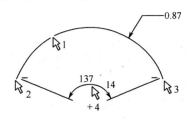

图 2 - 81　圆弧角度标注

（3）在位置2处,单击选取圆弧端点,然后在位置3处,单击选取圆弧另一端点。

（4）在位置4处,单击鼠标中键,确定尺寸位置。

2）两直线间角度标注

（1）分别单击选取位置1和位置2处的线段,如图2-82所示。

（2）在位置3处,单击鼠标中键,确定尺寸位置。

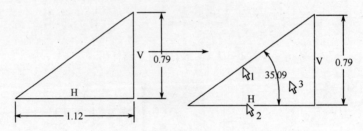

图2-82　两直线间角度标注

4. 回转体尺寸标注

（1）单击位置1处的端点或线段,单击位置2处的中心线,然后再单击位置1处的端点或线段,如图2-83所示。

（2）在位置3处,单击鼠标中键,确定尺寸位置。

注意:在标注回转体尺寸时,必须要有回转中心线辅助才能完成回转体尺寸标注。

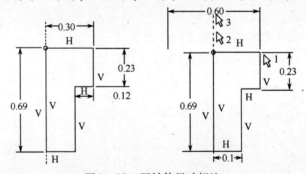

图2-83　回转体尺寸标注

2.7.3　尺寸的修改

1. 修改尺寸

修改尺寸前,应确定是在选取模式下,如果还是在标注尺寸模式下,可单击鼠标中键切换到选取模式(或单击 按钮)。

1）修改尺寸的方法

（1）直接双击修改尺寸。

（2）选中尺寸后,按住鼠标右键,在右键菜单中选取"修改"命令。

（3）单击 按钮后,选取尺寸。

"修改尺寸"对话框如图2-84所示,其中:

① 黄色框中的尺寸为当前修改尺寸。

② 【再生】:根据修改后的尺寸值重新计算草绘几何图元形状,在勾选状态下,修改尺

寸后,即再生草绘图元。如不勾选,则在所有尺寸修改完单击"✔"按钮后,统一再生草绘图元形状,推荐在不勾选状态下修改尺寸,如图 2-84 所示。

③【锁定比例】:使所有修改尺寸保持固定比例,推荐不勾选该项。

④ 拖动滚轮可以动态修改尺寸数值。

⑤【灵敏度】:滚轮灵敏度。

⑥ 在输入新的尺寸值后,单击回车键,确定数值,然后再修改下一个尺寸,在修改线性尺寸时,可以输入一个负尺寸值,使几何改变方向。

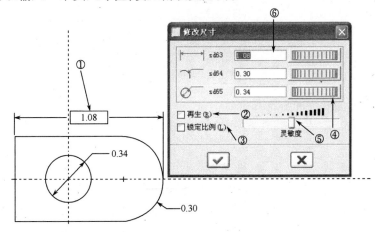

图 2-84　修改尺寸

2）尺寸标注的显示控制

单击工具栏中的 按钮,即可控制标注尺寸的显示/关闭。

2. 删除尺寸

（1）选择约束后,使用菜单中的【编辑】→【删除】命令。

（2）按住鼠标右键,在右键菜单中选择"删除"命令。

2.7.4　尺寸冲突时的解决方法

在 Pro/E 中绘制几何图元时,尺寸或约束既不能多也不能少,当添加的尺寸或约束与现有强尺寸或强约束相互冲突或多余时,"草绘器"就会加亮冲突尺寸或约束,并提示用户移除加亮的尺寸或约束之一。在解决冲突时,可使用"解决草绘"对话框中的下列选项:

【撤消】:撤消使截面进入刚好导致冲突操作之前的状态的改变。当选择"撤消"之后,"重做"命令不可用,因为最后一次操作还没有完成。

【删除】:选取要移除的约束或尺寸。

【尺寸】→【参照】:选取一个尺寸以转换为一个参照尺寸。

注意:【尺寸】→【参照】命令仅在存在冲突尺寸时才有效。

【解释】:选取一个约束,获取该约束的说明。"草绘器"将加亮与该约束有关的图元。

下面列举两个解决草绘冲突的例子。

实例 1:尺寸与尺寸冲突

如图 2 - 85 所示,在标注高度尺寸 1.00 时,出现"解决冲突"对话框,可以从列举的尺寸中删除一个尺寸,选择 68.20 的尺寸,单击"删除"按钮,解决冲突问题。

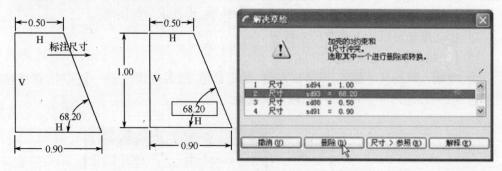

图 2 - 85　尺寸与尺寸冲突

实例 2:尺寸与约束冲突

如图 2 - 86 所示,在标注尺寸 0.20 时,出现尺寸冲突对话框。检查尺寸后发现没有重复标注。

在 Pro/E 中绘制线段 2 时,拖动鼠标的过程中,当线段 2 的长度接近线段 1 时,系统会捕捉到线段 2 和线段 1 相等的约束,如图 2 - 86 所示,就会自动添加一个 L1 的等长约束,所以在标注尺寸 0.20 时,会出现尺寸冲突现象,在"解决草绘"对话框中查找不到冲突对象。

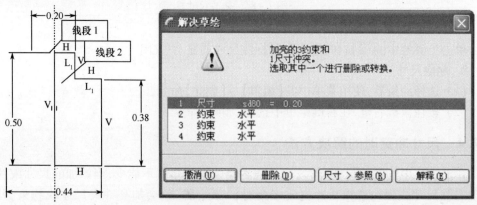

图 2 - 86　尺寸与约束冲突

解决方法:

(1) 单击"撤消"按钮,退出"解决草绘"对话框。

(2) 删除约束 L1,然后再标注尺寸就可以了。

上面两个例子说明,在标注尺寸时,如果出现尺寸冲突提示,主要是与现有强尺寸或强约束冲突,应认真检查所绘草绘,删除相应的强尺寸或强约束,再标注尺寸。添加约束时也是如此,应注意现有的强尺寸和强约束。

草绘范例 1

范例描述:

本范例绘制如图 2 - 87 所示的草图,通过该实例全面掌握草绘的创建、草图的绘制技

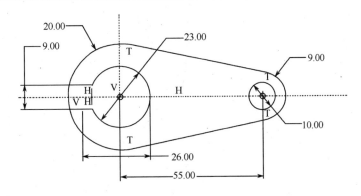

图 2 - 87　范例 1

巧、修剪、添加约束和标注尺寸的过程,绘制过程如下。

1. 新建草绘文件

(1)选择菜单中的【文件】→【新建】命令(或单击新建文件按钮),如图 2 - 88 所示。

图 2 - 88　新建草绘文件

(2)在"类型"选项中选取"草绘",输入文件名为"sec1",输入完成后单击"确定"按 钮,进入草绘环境。

2. 设置草绘环境

单击 按钮,设置不显示草绘尺寸。

3. 绘制图元

1)绘制中心线

单击绘制中心线按钮 ,依次绘制一条水平中心线和一条竖直中心线,如图 2 - 89 所示。

2)绘制圆

单击绘制圆按钮 ,以两中心线的交点为圆心,绘制如图 2 - 90(a)所示的圆。以同 样的方式绘制其他圆,如图 2 - 90(b)~(d)所示。

3)绘制相切线

单击绘制直线按钮 ,如图 2 - 91(a)所示,绘制两圆的相切线。以同样的方式绘制

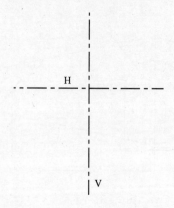

图 2-89　绘制中心

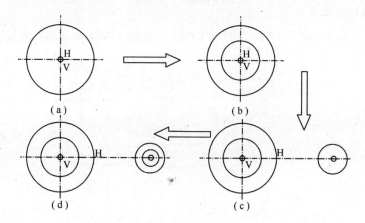

图 2-90　绘制圆

另一条相切线如图 2-91(b)所示。

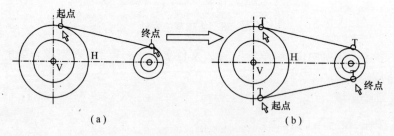

图 2-91　绘制相切线

4）绘制矩形

单击绘制矩形按钮□,绘制如图 2-92 所示的矩形。

4. 修剪图元

单击动态修剪按钮，拖动光标经过要修剪的图元,如图 2-93 所示。

5. 设置草绘环境

单击按钮,设置显示草绘尺寸,如图 2-94 所示。

6. 标注尺寸并修改到规定尺寸

(1) 单击按钮,如图 2-95 所示,标注相应尺寸。

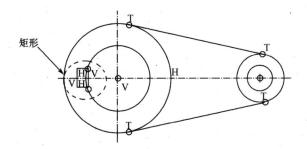

图 2 - 92　绘制矩形

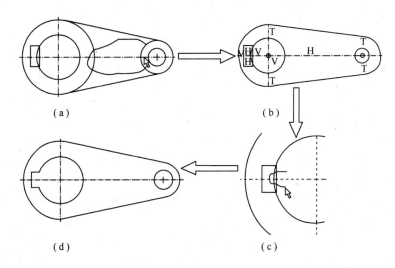

(a)　　　　　　　　　　　　　　　　(b)

(d)　　　　　　　　　　　　　　　　(c)

图 2 - 93　修剪图元

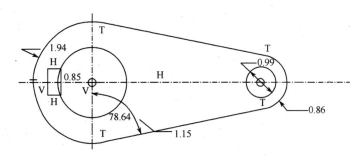

图 2 - 94　显示尺寸

(2) 选择所有尺寸(框选尺寸),单击 ⇒ 按钮(或按住鼠标右键,在右键菜单中选择"修改"命令),出现修改对话框,不要勾选再生,如图 2 - 96 所示。

(3) 在修改尺寸对话框中输入新的尺寸值,修改完成后如图 2 - 97 所示。

草绘范例 2

范例描述:

本范例绘制如图 2 - 98 所示的草图,详细说明草绘的创建过程。通过范例 2 掌握如下知识点:

(1) 几何图形的绘制。

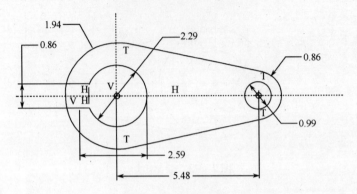

图 2-95　标注尺寸

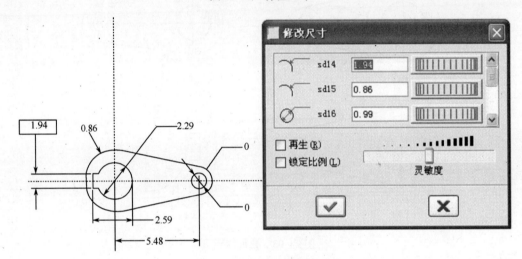

图 2-96　修改尺寸对话框

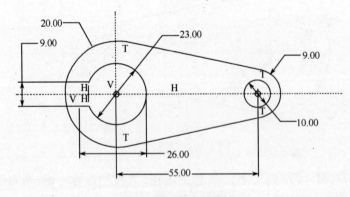

图 2-97　完成后草绘

（2）图元的修剪。

（3）尺寸标注、修改。

1. 新建草绘文件

（1）选择菜单中的【文件】→【新建】命令（或单击新建文件按钮），如图 2-99 所示。

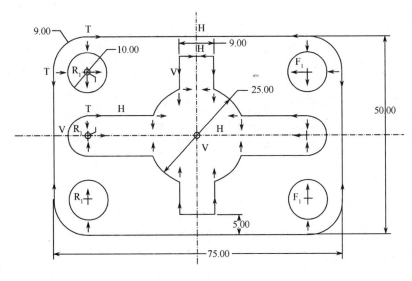

图 2-98　范例 2

（2）在"类型"选项中选取"草绘"，输入文件名为"sec2"，输入完成后单击"确定"按钮，进入草绘环境。

2. 绘制图元

1）绘制中心线

单击绘制中心线按钮 ⋮，依次绘制一条水平中心线和一条竖直中心线，如图 2-100 所示。

图 2-99　新建文件

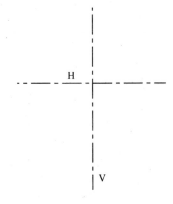

图 2-100　绘制中心

2）绘制圆

单击绘制圆按钮 ◯，以两中心线的交点为圆心，绘制如图 2-101（a）所示的圆。以同样的方式绘制其他圆，如图 2-101（b）~（d）所示。

3）绘制直线

单击绘制直线按钮 ＼，绘制如图 2-102（a）所示水平直线，然后再绘制 2-102（b）所示竖直直线，再以同样的方式绘制 2-102（c）所示的直线。

41

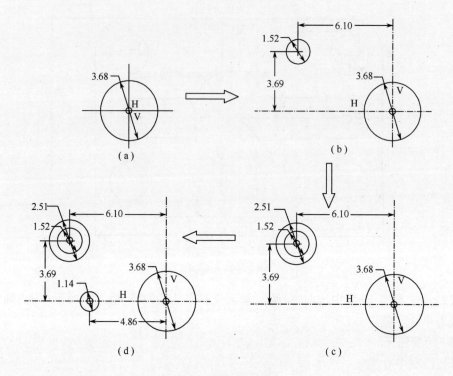

图 2 – 101　绘制圆

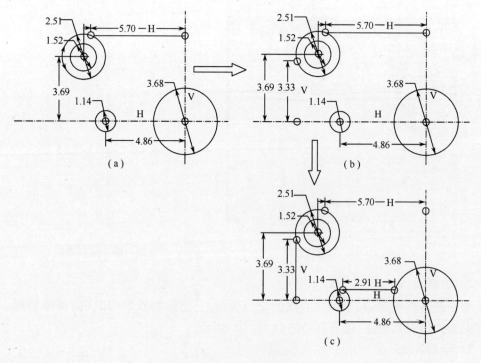

图 2 – 102　绘制直线

4）绘制矩形

单击绘制矩形按钮□,绘制如图 2 - 103 所示矩形。

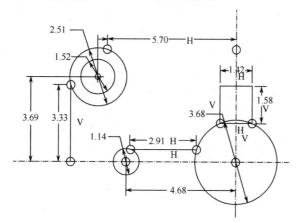

图 2 - 103　绘制矩形

3. 设置草绘环境

单击按钮,设置不显示草绘尺寸。

4. 添加约束

1）添加相切约束

单击按钮,在出现的"约束"的界面中单击按钮,分别选择如图 2 - 104(a)中箭头所指引的直线及圆,完成图 2 - 104(b)所示的约束,其他采用相同的方式完成。

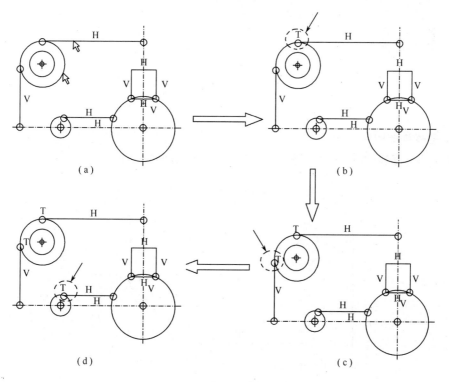

（a）

（b）

（d）

（c）

图 2 - 104　添加相切约束

2）添加竖直约束

单击"约束"界面中的□按钮，然后依次选择图 2 - 105(a) 中箭头所指引的圆心，完成结果如图 2 - 105(b) 所示。

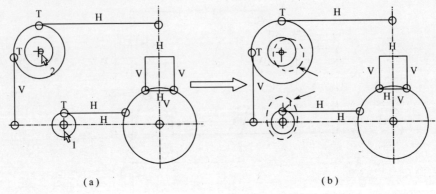

图 2 - 105 添加竖直约束

3）添加半径相等约束

单击"约束"界面中的□按钮，然后依次选择图 2 - 106(a) 中箭头所指引的圆，完成结果如图 2 - 106(b) 所示。

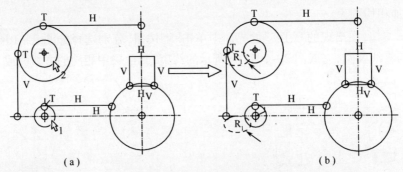

图 2 - 106 添加半径相等约束

5. 修剪草绘图元

单击动态修剪按钮￥，按照图 2 - 107 所示的结果修剪多余图元。

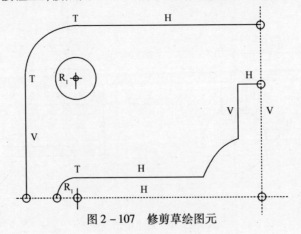

图 2 - 107 修剪草绘图元

6. 镜像图元

（1）框选所有图元，如图 2 - 108（a）所示。

（2）单击镜像工具按钮 ![icon]。

（3）选择对称中心线，如图 2 - 108（b）所示，完成结果如图 2 - 108（c）所示。

（4）按照步骤（1）~（3），完成如图 2 - 109（c）所示的结果。

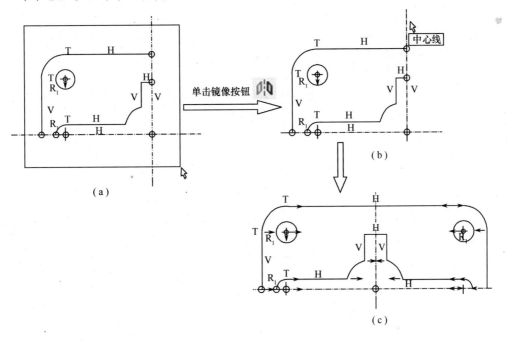

图 2 - 108　镜像图元（1）

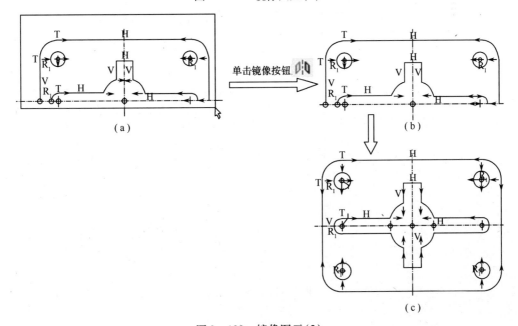

图 2 - 109　镜像图元（2）

7. 设置草绘环境

单击 按钮,设置显示草绘尺寸。

8. 标注尺寸

单击 按钮,如图 2 – 110 所示标注相应尺寸。

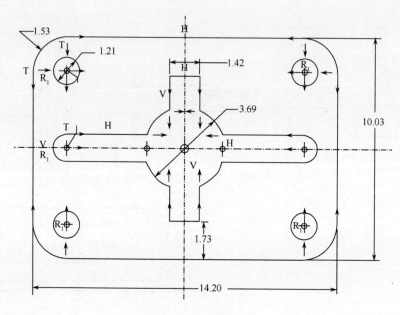

图 2 – 110   标注尺寸

9. 修改尺寸

框选所有尺寸单击 按钮(或按住鼠标右键,在右键菜单中选择"修改"命令),在出现的"修改尺寸"界面中取消再生选项,如图 2 – 111(a)所示,然后按照图 2 – 111(b)所示尺寸值修改尺寸。

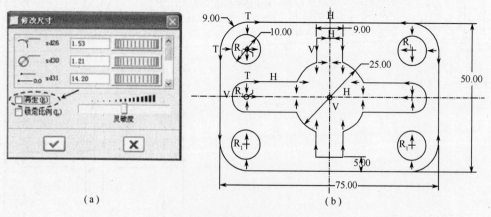

图 2 – 111   修改尺寸

2.8　思　考　练　习

2.8.1　填空题

1. 草绘一般由_____、_____、_____部分组成。

2. 草绘的流程是:_____、_____、_____、_____。

3. 在 Pro/E 草绘器中,提供了_____、_____、_____、_____等几种绘制圆弧的方法。

4. 在 Pro/E 草绘器中尺寸分为强尺寸和弱尺寸,系统自动标注的尺寸称为_____,用户自己标注的尺寸称为_____,其中强尺寸显示为_____色,弱尺寸显示为_____色。

5. 创建约束的基本步骤为:_____。

6. 在标注尺寸或添加约束时出现尺寸冲突或约束冲突的主要原因是:_____。

7. 按照图中所示约束符号,填写相应的约束名称。

2.8.2　选择题

1. 在草绘环境中,╲ 按钮的作用是(　　　)。
   A. 绘制 2 点直线
   B. 绘制中心线
   C. 绘制相切线

2. 在 Pro/E 中草绘文件保存后的后缀名为(　　　)。
   A. sec　　　　　　B. frm　　　　　　C. prt　　　　　　D. asm

3. 在标注回转体尺寸时,必须先创建一个(　　　)辅助标注尺寸。
   A. 半径标注
   B. 中心线
   C. 直线
   D. 圆弧

2.8.3　操作题

按照下列图示的尺寸,绘制草绘图。

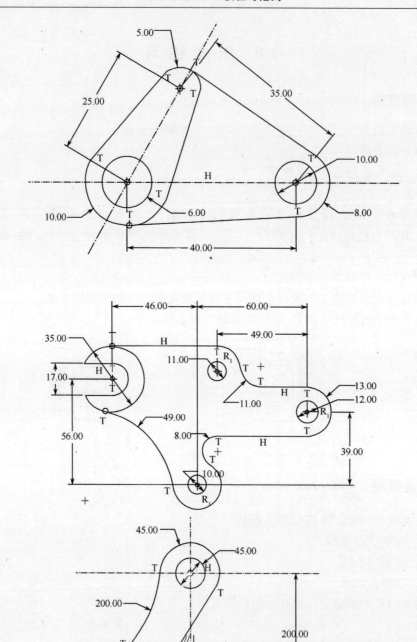

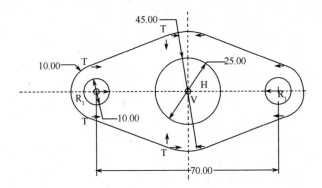

第3章 基准特征

学习要点：

（1）基准点、轴、平面的创建与应用。

（2）基准曲线及坐标系的创建与应用。

（3）基准特征的显示设置。

3.1 概　　述

Pro/E 中的基准也是特征的一种，但又不同于构成模型的一般实体特征及曲面特征，基准特征在创建零件一般特征、曲面特征、零件的剖切面及装配中起到重要的辅助作用，主要包括基准点、基准轴、基准平面、基准曲线和坐标系，如图 3-1 所示。

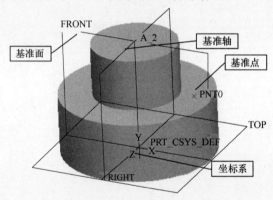

图 3-1　基准特征

可以通过基准特征工具栏或选择菜单中的【插入】→【模型基准】命令调用各种基准特征的创建命令，如图 3-2 所示。

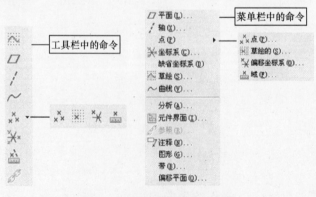

图 3-2　工具按钮及菜单命令

50

3.2 基 准 平 面

基准平面也称基准面,在所有基准中使用最频繁,是最重要的基准特征,常用做草绘平面的参照平面。在进行三维建模时,常常需要根据模型的特征建立相应的基准平面作为设计参照。

基准平面有两个侧,即褐色面和灰色面,其中褐色面的一侧为基准面的法向侧。当装配元件、定向视图和草绘参照时,应注意基准平面的颜色。

基准平面有多种用途,主要包括:

(1)作为剖面的草绘平面。

(2)作为放置特征的平面。

(3)作为尺寸标注的参照。

(4)决定视角的方向的参照。

(5)用来创建剖视图。

(6)装配时的参照。

3.2.1 基准平面的创建

要确定一个基准平面的位置,必须指定参照对象和约束条件。

单击工具栏中的 □ 按钮(或者选择菜单中的【插入】→【模型基准】→【平面】命令),系统弹出"基准平面"对话框,共有 3 个选项卡,如图 3 – 3 所示。

(a)　　　　　　　　　　(b)　　　　　　　　　　(c)

图 3 – 3　"基准平面"对话框
(a)"放置"选项卡;(b)"显示"选项卡;(c)"属性"选项卡。

1. "放置"选项卡

"参照"收集器:主要用来收集选取的参照对象,允许通过参照现有平面、曲面、边、点、坐标系、轴、顶点、放置新基准平面。然后选取约束类型,如图 3 – 3(a)所示。要选取多个参照时,可在选取时按住 Ctrl 键,约束类型有:

穿过:通过选定参照放置新基准平面,如图3-4所示。

偏移:从选定的参照偏移一定的距离放置新基准平面,如图3-5所示。

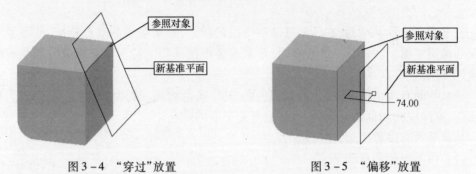

图3-4 "穿过"放置   图3-5 "偏移"放置

平行:平行于选定的参照放置新基准平面,如图3-6所示。

法向:垂直于选定的参照放置新基准平面,如图3-7所示。

相切:相切于选定参照放置新基准平面。当选定参照为圆弧曲面时,则会出现相切约束,如图3-8所示。

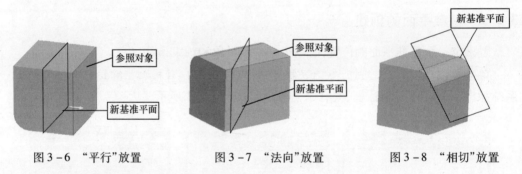

图3-6 "平行"放置   图3-7 "法向"放置   图3-8 "相切"放置

2. "显示"选项卡

"反向"指反转基准平面的法向方向,如图3-9所示。

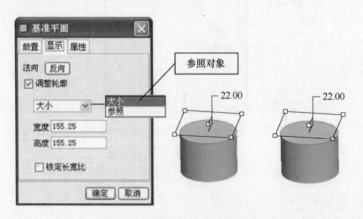

图3-9 "显示"选项卡的用法

调整轮廓:调整基准平面轮廓的大小。选中该复选框时,可使用菜单中的以下选项:

参照:允许根据选定参照(如零件、特征、边、轴或曲面)调整基准平面的大小。

大小：允许调整基准平面的大小，或将其轮廓显示尺寸调整到指定宽度和高度值。

3. "属性"选项卡

可在"名称"文本框中重命名基准平面名称。同时也可在 Pro/E 浏览器中查看关于当前基准平面特征的信息。

3.2.2　基准平面的创建方式

下面具体介绍使用不同的参照及约束方式创建基准平面的过程。

1. 通过3点方式创建基准平面

起始文件：光盘\exercise\ch03\datum\datum-plane. prt

（1）打开起始文件，单击工具栏中的"基准平面工具"按钮 ▱，弹出"基准平面"对话框。

（2）在绘图区选取参照点1，然后按住 Ctrl 键后分别选取参照点2和参照点3，此时"基准平面"对话框中的"参照"列表中列出选取的参照对象，约束方式为"穿过"，如图3-10所示。

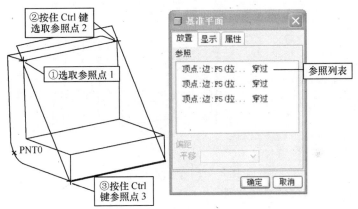

图 3-10　通过3点创建基准平面

（3）单击"确定"按钮，完成基准平面创建。

2. 通过点和边创建基准平面

起始文件：光盘\exercise\ch03\datum\datum-plane2. prt

（1）打开起始文件，单击 ▱ 按钮，弹出"基准平面"对话框。

（2）在绘图区选取参照边1，然后按住 Ctrl 键后选取参照点2，此时"基准平面"对话框中的"参照"列表中列出选取的参照对象，约束方式为"穿过"，如图3-11所示。

（3）单击"确定"按钮，完成基准平面创建。

3. 通过面创建基准平面

起始文件：光盘\exercise\ch03\datum\datum-plane3. prt

（1）打开起始文件，单击 ▱ 按钮，弹出"基准平面"对话框。

（2）选取模型上的参照面，确定当前"基准平面"对话框中的约束方式为"偏移"，在"平移"文本框中输入平移值为60，输入后按回车键确认，此时新建基准平面按照偏距尺寸值偏移，如图3-12所示。

（3）单击"确定"按钮，完成基准平面创建。

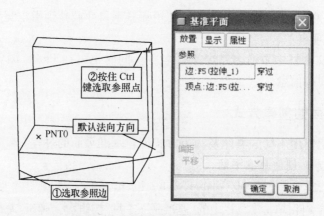

图 3 - 11　通过点和边创建基准平面

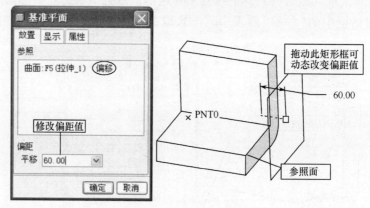

图 3 - 12　通过面创建

4. 创建具有角度偏移的基准平面

起始文件：光盘\exercise\ch03\datum\datum-plane4. prt

（1）打开起始文件，单击 □ 按钮，打开"基准平面"对话框。

（2）选取如图 3 - 13 所示的边作为参照，确定约束类型为"穿过"。

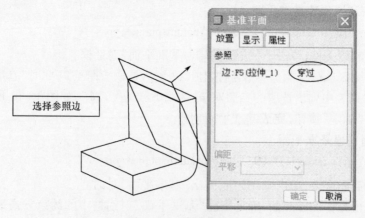

图 3 - 13　选取参照边

（3）按住 Ctrl 键，继续选取基准平面的旋转参照面，在"基准平面"对话框中确定约束类型为"偏距"，输入旋转值为45，确定基准平面的位置，如图 3 - 14 所示，单击"基准平

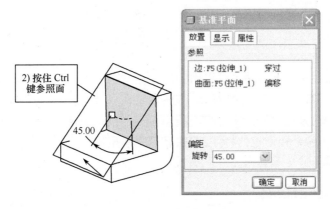

图 3 – 14　选择参照面

面”对话框中的“确定”按钮,结束操作。

5. 通过两平行的轴(边)创建基准平面

起始文件:光盘\exercise\ch03\datum\datum-plane5. prt

(1)打开起始文件,单击 按钮,打开“基准平面”对话框。

(2)选取模型上的边作为参照,确定约束类型为“穿过”,如图 3 – 15 所示。

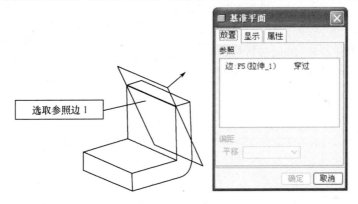

图 3 – 15　选择参照边

(3)按住 Ctrl 键再选择与其平行的另一条参照边,确定约束类型为“穿过”,如图 3 – 16所示,单击“确定”按钮结束操作。

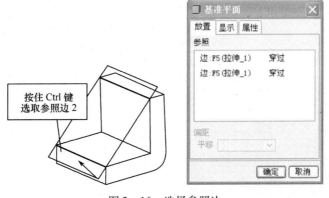

图 3 – 16　选择参照边

3.3　基　准　轴

如同基准平面一样,基准轴也可以用做特征创建的参照,如轴阵列的旋转参照,放置孔的定位参照等。基准轴不同于特征轴,特征轴是在创建特征(如旋转特征、拉伸圆柱特征、孔特征等)期间,系统自动产生的中心线,它不会在模型树中显示,它属于特征的内部轴线。基准轴是作为单独创建的特征,单独显示在模型树中,可以在右键菜单中对其重命名、删除、隐藏、编辑定义等操作。

3.3.1　"基准轴"对话框

单击 ∕ 按钮或者选择菜单中的【插入(Insert)】→【模型基准(Model Datum)】→【轴(Axis)】命令,打开"基准轴"对话框,如图3-17所示,在该对话框中共有3个选项卡。

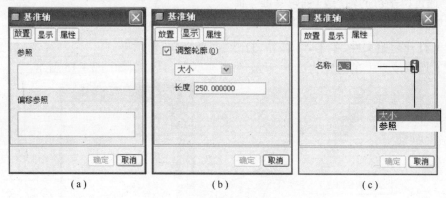

图3-17　"基准轴"对话框

(a)"放置"选项卡;(b)"显示"选项卡;(c)"属性"选项卡。

1."放置"选项卡

"参照"收集器主要用来收集基准轴的放置参照,然后选取约束类型,如图3-17(a)所示。要选取多个参照时,可在选取时按住Ctrl键,约束类型有:

穿过:表示基准轴通过选定参照,如图3-18所示。

法向:表示基准轴放置垂直于选定参照,如图3-18所示。

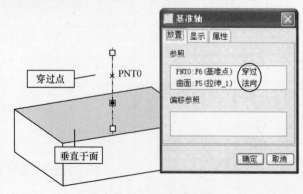

图3-18　穿过及法向约束

相切:表示基准轴放置与选定参照相切,如图 3 – 19 所示。

中心:通过选定平面圆边或曲线的中心,且垂直于选定曲线或边所在平面的方向放置基准轴,如图 3 – 20 所示。

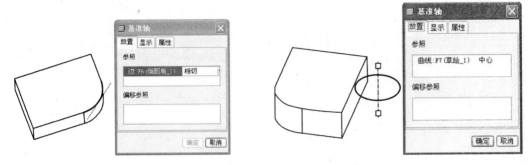

图 3 – 19　相切约束　　　　　　　　　　　　　　图 3 – 20　中心约束

"偏移参照"收集器主要用来收集基准轴的定位参照,如果在"参照"收集器中选定"法向"作为参照类型,则激活"偏移参照"收集器。

2. "显示"选项卡

该选项卡主要用来调整基准轴的长度,如图 3 – 17(b)所示,调整长度的主要类型有:

大小:允许将基准轴指定值长度调整。

参照:按选定的参照(如边、曲面、基准轴等)调整基准轴的长度。

3. "属性"选项卡

"属性"选项卡如图 3 – 17(c)所示,可在 Pro/E 浏览器中查看关于当前基准轴特征的信息。另外,可使用"属性"选项页重命名基准特征。

3.3.2　基准轴的创建

1. 通过两点创建

起始文件:光盘\exercise\ch03\datum\datum-axis. prt

(1) 打开起始文件,单击 🖉 按钮,打开"基准轴"对话框。

(2) 选取模型上的基准点 PNT0 作为参照,确定约束类型为"穿过",如图 3 – 21 所示。

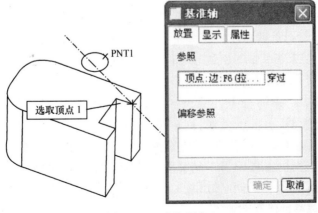

图 3 – 21　选取顶点 1

（3）按住 Ctrl 键再选取模型上顶点,便产生了基准轴,单击"基准轴"对话框中的"确定"按钮,结束基准轴的创建,如图 3-22 所示。

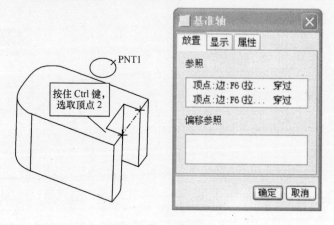

图 3-22　选取顶点 2

2. 通过一点及曲线创建

起始文件:光盘\exercise\ch03\datum\datum-axis2. prt

（1）打开起始文件,单击 ∕ 按钮,打开"基准轴"对话框。

（2）选取模型上的圆弧曲线作为参照,确定约束类型为"相切",如图 3-23 所示。

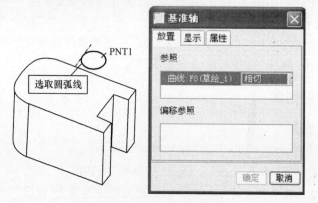

图 3-23　选取圆弧曲线

（3）按住 Ctrl 键再选取曲线上的基准点 PNT1,便产生了基准轴,单击"基准轴"对话框中"确定"按钮,结束基准轴的创建,如图 3-24 所示。

3. 通过两相交平面创建基准轴

起始文件:光盘\exercise\ch03\datum\datum-axis3. prt

（1）打开起始文件,单击 ∕ 按钮,打开"基准轴"对话框。

（2）选取 TOP 基准平面作为参照,确定约束类型为"穿过",如图 3-25 所示。

（3）按住 Ctrl 键,再选取 RIGHT 基准平面,便产生了基准轴,单击"基准轴"对话框中的"确定"按钮,结束基准轴的创建,如图 3-26 所示。

4. 通过平面偏移创建基准轴

起始文件:光盘\exercise\ch03\datum\datum-axis4. prt

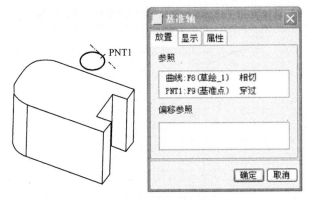

图 3-24 选取基准点

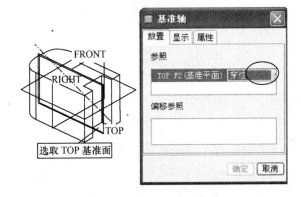

图 3-25 选取 TOP 基准平面

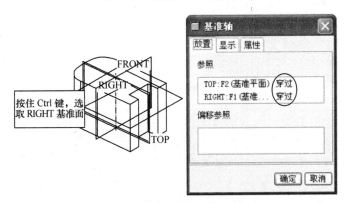

图 3-26 选取 RIGHT 基准平面

（1）打开起始文件,单击 按钮,打开"基准轴"对话框。

（2）选取模型上的顶平面作为放置参照,确定约束类型为"法向",如图 3-27 所示。

（3）激活"基准轴"对话框中的"偏移参照"收集器,选取模型上的侧面 1 作为偏移参照,修改偏移距离为 100,如图 3-28 所示。

（4）按住 Ctrl 键选取侧面 2,并修改偏移距离为 150,单击对话框中的"确定"按钮,完成基准轴的创建,如图 3-29 所示。

说明:用户也可以直接拖拽偏移控制图柄的方式捕捉到所需要的偏移参照,然后修改相应的偏移值。采用此方式更加灵活快捷,如图 3-30 所示。

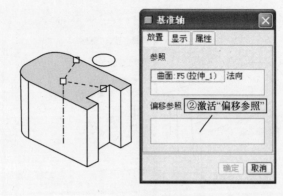

图 3-27 选取放置参照

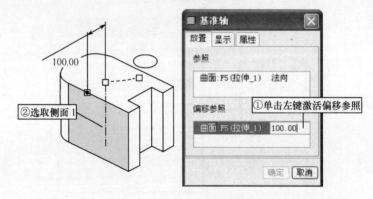

图 3-28 选取偏移参照 1

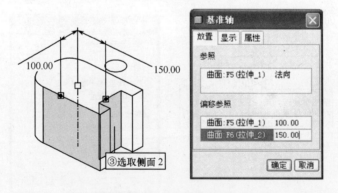

图 3-29 选取偏移参照 2

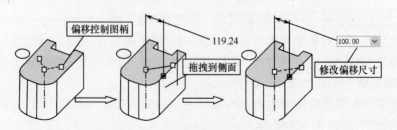

图 3-30 使用鼠标拖拽捕捉偏移参照

5. 通过圆柱面创建基准轴

起始文件:光盘\exercise\ch03\datum\datum-axis.prt

(1)打开起始文件,单击 / 按钮,打开"基准轴"对话框。

(2)选取模型上的圆柱面作为放置参照,确定约束类型为"穿过",如图 3-31 所示。

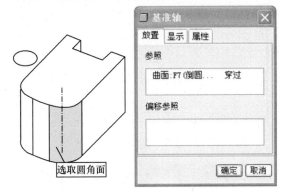

图 3-31 通过圆柱面创建基准轴

(3)单击"基准轴"对话框中的"确定"按钮,完成基准轴的创建。

3.4 基 准 点

基准点主要用做辅助创建几何特征或基准特征(如基准平面、基准轴、基准曲线、基准坐标系),也可以作为计算和分析模型中的参考点,还可以用做动力学分析或有限元分析的受力点计算。

基准点可以分为一般基准点、草绘基准点、自坐标系偏移基准点、域点四大类,在模型中创建基准点可使用菜单中的【插入(Insert)】→【模型基准(Model Datum)】→【点(Point)】命令,或使用工具按钮创建,如图 3-32 所示。

图 3-32 创建基准点的命令

3.4.1 一般基准点

单击 ×× 按钮或者选择菜单中的【插入】→【模型基准】→【点】→【点】命令,打开"基准点"对话框,如图 3-33 所示。

1. "放置"选项卡(图 3-34)

左侧列表:列出已在当前基准点特征内创建的点,可通过右键菜单进行"删除"、"重命名"、"重复"等操作。

参照:主要收集放置参照。可通过右键菜单移除或添加参照。向列表添加参照时按

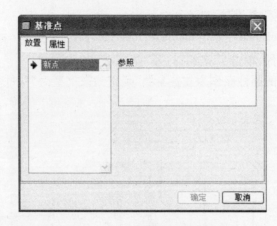

图 3 – 33 "基准点"对话框

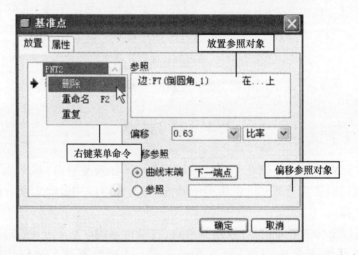

图 3 – 34 "放置"选项卡

Ctrl 键选取。

　　偏移:通过输入偏移的比率值或距离值确定点的位置。

　　偏移参照:显示确定一个点的位置所使用的偏移参照,以及确定此点的相应参数值。

2. "属性"选项卡

　　在"名称"文本框中可为基准点重命名。

3.4.2　基准平面的创建方式

　　可将一般基准点放置在下列位置:

　　(1) 曲线、边或轴上。

　　(2) 圆形或椭圆形图元的中心。

　　(3) 在曲面或面组上。

　　(4) 顶点上或自顶点偏移。

　　(5) 图元相交位置。

　　下面将具体介绍基准点的创建过程。

1. 通过曲线、边或轴上创建基准点。

起始文件:光盘\exercise\ch03\datum\datum-point. prt

（1）打开起始文件,单击 ⤫ 按钮,打开"基准点"对话框。

（2）选取模型上的边作为放置参照,此时在"参照"中显示所选的参照边,约束类型为"在…上","偏移"选项为"比率",并输入 0.8 的值,如图 3 - 35 所示。

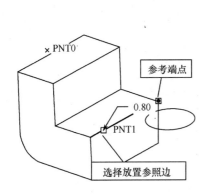

图 3 - 35　通过边创建基准点

说明:"比率"方式:指将曲线或边的长度按比率(百分比)的方式计算,对应参考端点确定基准点所在的位置。

"实数"方式:按距曲线或边的参考端点的距离,确定基准点在曲线或边上的位置。

下一端点按钮允许选取曲线或边的其他端点作为参照

（3）单击"基准点"对话框中的"确定"按钮完成基准点的创建。

2. 通过圆形或椭圆形图元的中心创建基准点

起始文件:光盘\exercise\ch03\datum\datum-point2. prt

（1）打开起始文件,单击 ⤫ 按钮,打开"基准点"对话框。

（2）选取草绘圆作为放置参照,修改约束类型为"中心",确定基准点的位置在圆图元的圆心位置,如图 3 - 36 所示。

（3）单击"基准点"对话框的"确定"按钮,完成基准点的创建。

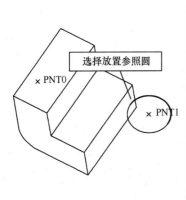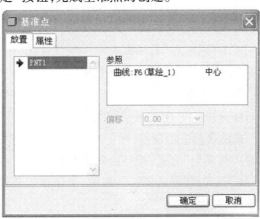

图 3 - 36　通过圆形图元创建基准点

3. 在曲面或面组上

起始文件:光盘\exercise\ch03\datum\datum-point3. prt

（1）打开起始文件,单击 ×× 按钮,打开"基准点"对话框。

（2）选取模型上的面组,确定约束类型为"在…上",如图 3 – 37 所示。

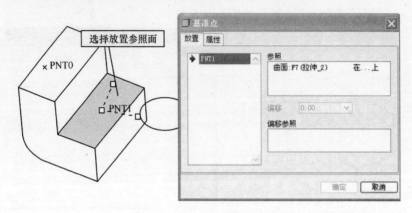

图 3 – 37　选取放置参照对象

（3）激活"偏移参照",然后选取侧面 1,输入偏距为 85,按住 Ctrl 键再选取侧面 2,输入偏距为 38,如图 3 – 38 所示。

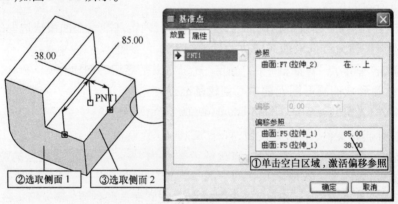

图 3 – 38　选取偏移参照

（4）单击"基准点"对话框中的"确定"按钮,完成基准点创建。

4. 通过顶点上或自顶点偏移创建

起始文件:光盘\exercise\ch03\datum\datum-point4. prt

（1）打开起始文件,单击 ×× 按钮,打开"基准点"对话框。

（2）选取模型上的顶点,确定约束类型为"偏移",如图 3 – 39 所示。

说明:"在其上"方式:指与选取顶点重合,相当于在顶点上创建基准点。

"偏移"方式:需要选取偏移参照,所创建的基准点沿着偏移参照的方向从选取顶点开始偏移。

（3）按住 Ctrl 键选取模型的侧面,以确定侧面的法向方向为基准点的偏移方向,输入偏移值为 45,如图 3 – 40 所示。

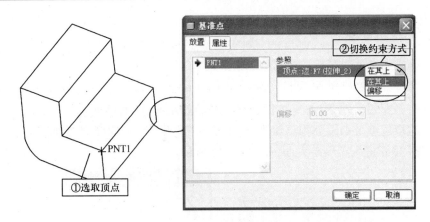

图 3 - 39 选取放置参照

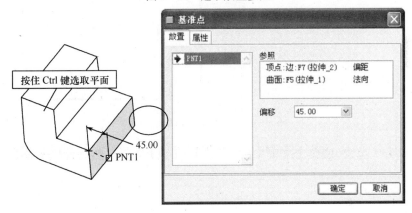

图 3 - 40 选取偏移方向参照

（4）单击"基准点"对话框中的"确定"按钮,完成基准点创建。

5. 自从坐标系偏移创建基准点

起始文件:光盘\exercise\ch03\datum\datum-point5. prt

（1）打开起始文件,单击 ⁑ 按钮,打开"基准点"对话框。

（2）选取曲线,然后按住 Ctrl 键选取模型上的平面,通过曲线和模型上的平面的交点,确定基准点的放置位置,如图 3 - 41 所示。

（3）单击"基准点"对话框中的"确定"按钮,完成基准点创建。

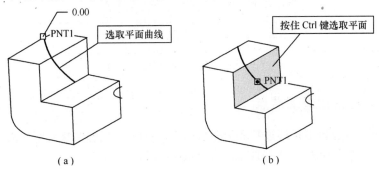

图 3 - 41 通过相交图元创建基准点

(a)选取曲线;(b)选取模型上的平面。

3.4.3　草绘基准点

草绘基准点是通过草绘的方式,创建基准点。

起始文件:光盘\exercise\ch03\datum\datum-point-sec. prt

(1) 打开起始文件,单击 ✕ 按钮,打开"草绘的基准点"对话框。

(2) 选取模型上的顶面为草绘平面,默认的"参照"为 RIGHT 基准面,然后单击对话框中"草绘"按钮进入到草绘界面,如图 3 – 42 所示。

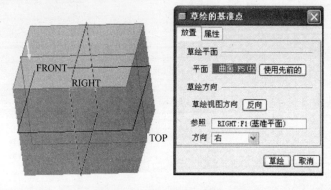

图 3 – 42　选取基准点草绘平面

(3) 单击 ✕ 按钮(或单击菜单中的【草绘】→【点】命令),然后绘制如图所示的基准点,如图 3 – 43 所示。

(4) 单击 ✔ 按钮,完成草绘基准点创建。

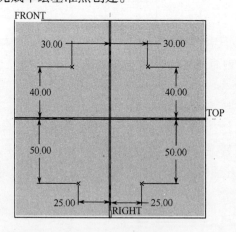

图 3 – 43　草绘基准点

3.4.4　自坐标系创建基准点

自坐标系创建基准点是通过基准坐标系位置,相对基准坐标偏移一定距离产生基准点。

起始文件:光盘\exercise\ch03\datum\datum-point-csy. prt

(1) 新建实体建模文件,然后单击 ✕ 按钮,打开"偏移坐标系基准点"对话框,如图 3 – 44所示。

（2）选取绘图区中基准坐标系 PRT_CSYS_DEF，如图 3 - 45 所示。

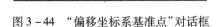

图 3 - 44 "偏移坐标系基准点"对话框   图 3 - 45 选取坐标系

（3）选取"类型"为"笛卡儿"，然后单击对话框中"名称"下方的单元格，依次输入偏距值，如继续创建基准点可继续单击下方单元格创建，如图 3 - 46 所示。

（4）单击"偏移坐标系基准点"对话框中的"确定"按钮，完成基准点创建，如图 3 - 47所示。

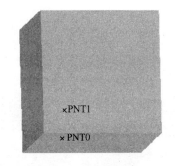

图 3 - 46 输入坐标值   图 3 - 47 完成结果

3.5 基 准 曲 线

基准曲线可用于建立曲面特征和实体特征的二维剖面、曲面的边界或者作为扫描特征的轨迹线，基准曲线分为插入基准曲线和草绘基准曲线两种，可通过选择菜单中的【插入】→【模型基准】→【曲线】命令或单击～ 按钮进行插入基准曲线的创建,草绘曲线的创建可通过选择菜单中的【插入】→【模型基准】→【草绘】命令或单击～ 按钮进行。

下面分别介绍插入基准曲线和草绘基准曲线的创建方式。

1. 插入基准曲线

单击"插入基准曲线"工具按钮～ ,弹出如图 3-48 所示的菜单管理器。"曲线选项"中共有 4 种创建方法,即"Thru Points(经过点)"、"From File(自文件)"、"Use Xsec(使用剖截面)"、"From Equation(从方程)"。

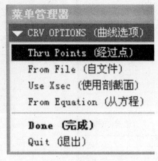

图 3-48　菜单管理器

2. Thru Points(经过点)

该方法是通过所选取的点(基准点或顶点)创建基准曲线,用户可以定义曲线起始点、终止点的类型,一般用于创建曲面的空间构建线。

如图 3-49 所示,创建步骤如下:

(1) 单击【插入(Insert)】→【模型基准(Model Datum)】→【曲线(Curve)】命令,进入曲线创建模式。

(2) 选择"Thru Points(经过点)"方式,在"连接类型"中选择类型。

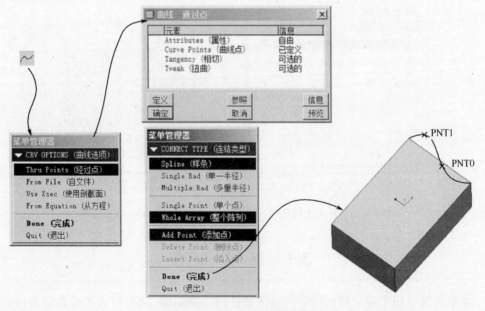

图 3-49　经过点方式创建曲线

（3）选择点，选择多个点时，需要按住 Ctrl 键，进行选取。

（4）设置起始点或终止点的进入方式。

（5）完成创建。

3. Use Xsec(使用剖截面)

从"曲线选项"中使用"Use Xsec(使用剖截面)"方式，可提取模型的剖切截面轮廓，进行剖截面创建时，需要先创建好模型剖切截面，然后才能使用剖截面创建曲线，如图 3 - 50 所示。

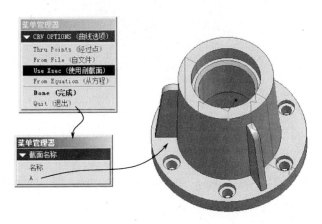

图 3 - 50　使用剖截面创建曲线

4. From File(自文件)

从"曲线选项"中使用"From File(自文件)"方式，可以读取 IGES、IBL、VDA 等格式文件，进行基准曲线创建。

5. From Equation (从方程)

创建曲线时，需要输入数学方程，如齿轮渐开线的创建、叶片创建等，创建过程如下：

（1）选择参照坐标系。

（2）选择坐标系类型(包括笛卡尔、圆柱、球)，如图 3 - 51 所示。

（3）输入数学方程，如图 3 - 52 所示。

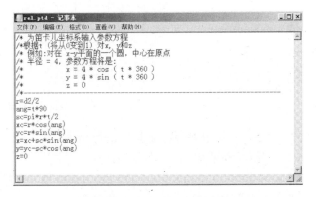

图 3 - 51　选择坐标系类型　　　　　图 3 - 52　输入曲线方程

（4）完成曲线创建，如图 3 - 53 所示。

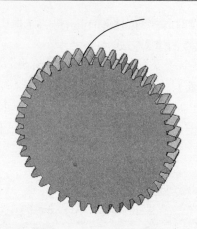

图 3 - 53　生成的渐开线

3.6　基准坐标系

在 Pro/E 中,坐标系的作用主要有辅助建模、装配、模型质量属性分析、有限元分析等。基准坐标系的类型有笛卡儿坐标系、圆柱坐标系、球坐标系。创建时需要定义坐标系的位置和方向。

3.6.1　基准坐标系的创建

在主菜单中选择【插入】→【模型基准】→【坐标系】命令,或单击 ✖ 按钮,可弹出"坐标系"对话框,如图 3 - 54 所示。

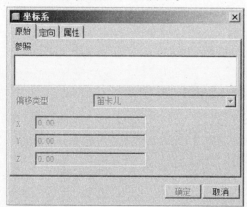
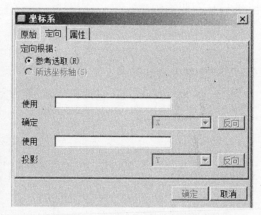

图 3 - 54　"坐标系"对话框

下面介绍一般基准点对话框中的选项卡。

1."原始"选项卡

"偏移类型"下拉列表:从下拉列表中选择创建坐标系偏移类型。

"笛卡儿":通过输入 X、Y 和 Z 值偏移坐标系。

"圆柱":通过设置半径 R、角度 θ 和 Z 值偏移坐标系。

"球":通过设置半径、R、角度 θ 和 Φ。

"自文件":从转换文件导入坐标系位置。

2. "定向"选项卡

"参考选取":通过选取坐标系中任意两个轴,确定新建坐标系 X、Y、Z 轴的方向。

"所选坐标轴":新建坐标系的 X、Y、Z 轴的方向,可以绕选取坐标系的 X、Y、Z 轴进行角度选择。

3. "属性"选项卡

通过该选项可以定义新建坐标系的名称。

3.6.2 创建基准坐标系

起始文件:光盘\exercise\ch03\datum\datum-csy.prt

(1)打开起始文件,单击 × 按钮,打开"坐标系"对话框。

(2)选取模型上的顶点作为参照,如图 3-55 所示。

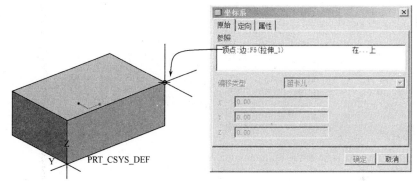

图 3-55 选取坐标系位置参照

(3)在对话框中切换到"定向"选项,在参照收集器中单击鼠标左键,激活参照收集器,然后选择模型边作为参照,系统默认为 X 轴,然后再选取另一参照边,系统默认为 Y 轴,从其下拉列表中选择"Z",如图 3-56 所示。

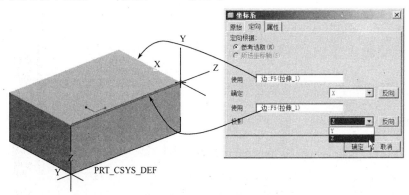

图 3-56 定义"定向"选项

(4)单击对话框中的"确定"按钮,完成坐标系的创建。

(5)通过坐标系偏移坐标系,单击 × 按钮,打开"坐标系"对话框。

(6)选取模型上坐标系为"PRT_CSYS_DEF",选择偏移类型为"笛卡儿",分别输入偏移距离 100、100、100,如图 3 – 57 所示。

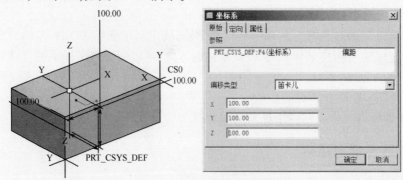

图 3 – 57　通过坐标系偏移

（7）单击"坐标系"对话框中的"确定"按钮,完成坐标系创建,结果如图 3 – 58 所示。

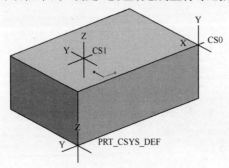

图 3 – 58　坐标系创建

3.7　思 考 练 习

3.7.1　填空题

1. 基准特征包括_____、_____、_____、_____、_____。
2. 创建基准坐标系时,偏移类型包括_____、_____、_____、_____。
3. 按钮 ⁄ ⁄ ⁄ ⁄ 的作用是_____。
4. 进行零件创建时,系统默认的基准有_____、_____、_____。

3.7.2　选择题

1. 下列(　　)是创建基准坐标系的按钮。

    A. ⁂　　　　　B. ∕　　　　　C. ∼　　　　　D. ▱

2. 以下不能满足创建基准平面的条件的是(　　)。

    A. 通过一个平面偏移　　　　　B. 通过一个两条平行的直线

    C. 通过一个点　　D. 通过一个点和一条直线

3. 以下满足创建基准轴的条件的是(　　)。

    A. 一个点　　　B. 一个平面　　　C. 一个平面和点　D. 一个坐标系

第4章 基础特征

学习要点：

（1）拉伸特征。

（2）旋转特征。

（3）扫描特征。

（4）混合特征。

4.1 概　述

Pro/E 是基于特征来进行产品设计开发，根据产品的外形特点，选择不同的建模特征，进行产品设计。常用的建模方式有拉伸、旋转、扫描、混合。操作命令如图 4-1 所示。

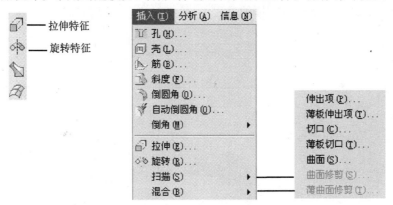

图 4-1　基础特征工具按钮及菜单命令

4.1.1　拉伸特征简介

拉伸特征是指将 2D 草绘截面沿着垂直于草绘截面的方向，给定该方向上一个深度值，即可确定拉伸特征的三维形状，如图 4-2 所示。

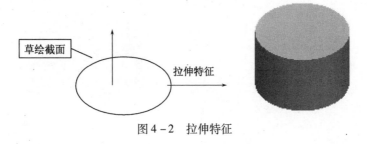

图 4-2　拉伸特征

4.1.2 旋转截面简介

旋转特征是通过 2D 草绘截面绕旋转轴旋转一定的角度,所形成的三维形状,如图 4 –3 所示。

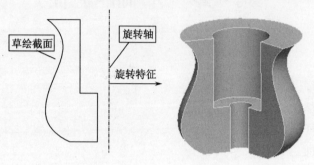

图 4 – 3　旋转特征

4.1.3 扫描特征简介

扫描特征是指通过扫描 2D 截面沿着扫描轨迹线扫描所形成的三维特征。如图 4 – 4 所示,扫描截面在沿扫描轨迹扫描的过程中,始终保持垂直于扫描轨迹。

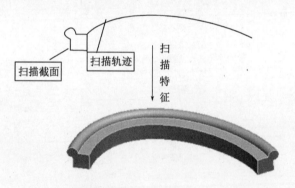

图 4 – 4　扫描特征

4.1.4 混合特征简介

混合特征是通过几个(至少两个)2D 截面,顺次连接各截面间的顶点所形成的三维特征,如图 4 – 5 所示。

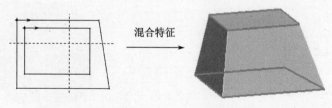

图 4 – 5　混合特征

4.2 拉伸特征概述

在主菜单中选择【插入】→【拉伸】命令,或单击按钮,可出现拉伸特征的操控面板,如图4-6所示。

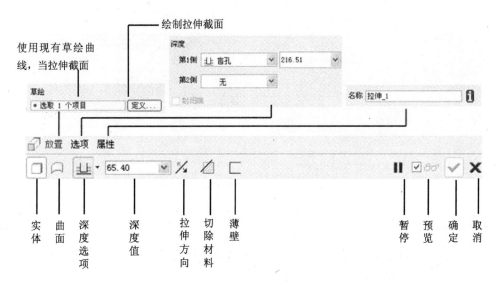

图4-6 拉伸操控面板

4.2.1 关于拉伸特征的类型

拉伸特征可分为拉伸伸出项和拉伸切除两大类,其中拉伸伸出项包括实体特征、曲面特征、薄壁特征,如图4-7所示。

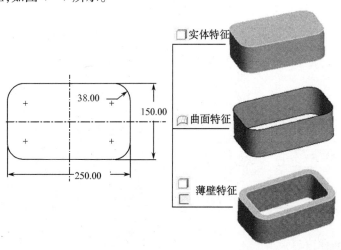

图4-7 拉伸伸出项特征

拉伸切除,是在现有的基础特征上,通过拉伸的方式切除材料,如图4-8所示。

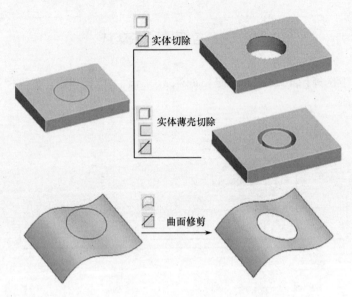

图 4 – 8　拉伸切除

4.2.2　关于拉伸截面

在进行拉伸特征操作的过程中,必须要定义拉伸特征的草绘截面,在 Pro/E 中可通过两种方式定义草绘截面:

(1) 利用草绘曲线工具按钮 ,绘制草绘截面,在进行拉伸操作时,直接选取该草绘截面。

(2) 在进行拉伸操作时,单击拉伸操控面板中的“放置”,然后再单击其上拉菜单中的“定义”,绘制草绘截面。

无论是采用以上哪种方式,都需要进行草绘截面的选取、参照的选取等操作,如图 4 – 9 所示。

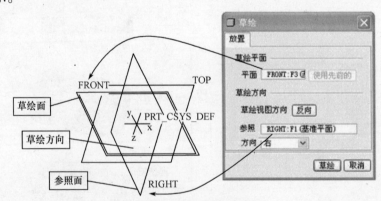

图 4 – 9　草绘平面设置

1. 各选项的使用要求

1) 草绘平面

(1) 可以选取基准平面作为草绘平面,如系统提供的 Front、Top、Right 基准平面等。

(2) 实体上的平面或曲面上的平面作为草绘平面。

2）参照

"参照"的选取与"草绘平面"的选取类似,它主要是确定草绘的方向放置。其中复选框"方向"下拉菜单中的"左"、"右"、"顶"、"底"是确定"参照"选项中面的法向方向。

2. 拉伸实体截面

伸特征的草绘截面可以是封闭的也可以是不封闭的,但必须遵循以下原则:

(1)作为零件设计的第一个非薄壁的实体特征,其截面必须是封闭的。如果草图不封闭,就单击✔按钮完成草绘,系统弹出如图4-10所示的提示。

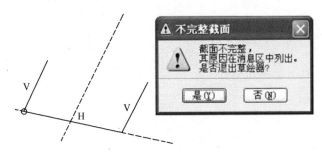

图4-10　截面不封闭提示

(2)当在现有的实体上去添加一个非薄壁的实体拉伸特征时,其截面可以是不封闭的,但所有的开放端点必须与零件边对齐,如图4-11所示。

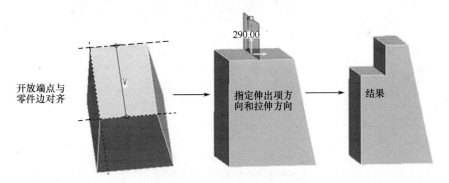

图4-11　不封闭的截面

(3)如果封闭截面可以是单一的封闭环,也可以是多个封闭环,但不可以有相交,如图4-12所示。

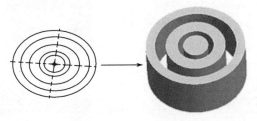

图4-12　多个封闭环

3. 薄壁及切除拉伸的截面

（1）薄壁拉伸可以使用封闭或不封闭的截面,如图 4 – 13 所示。

（2）做切除拉伸时截面可以是不封闭的,其开放端点可以不与零件边对齐,如图 4 – 14 所示。

（3）截面不能含有相交图元。

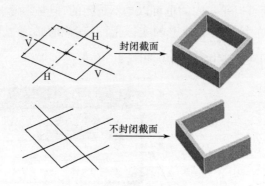

图 4 – 13　薄壁拉伸草绘截面

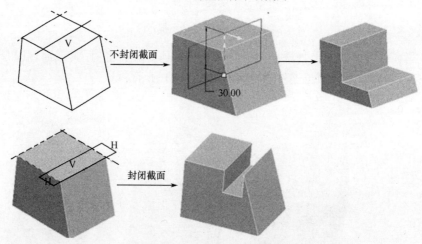

图 4 – 14　切除拉伸草绘截面

4. 曲面拉伸的截面

（1）曲面拉伸的截面可以使用封闭或不封闭的截面,如图 4 – 15 所示。

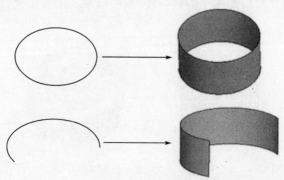

图 4 – 15　封闭及不封闭的曲面拉伸截面

（2）截面允许有相交图元，如图 4-16 所示。

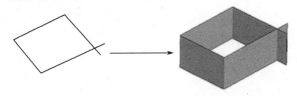

图 4-16 含有相交图元的曲面拉伸截面

4.2.3 关于拉伸的深度选项

在深度选项下拉菜单中，共有 6 种方式：

⊥ 盲孔（Blind）：从草绘平面以指定深度值拉伸截面。

日 对称（Symmetric）：在草绘平面的两侧上以指定深度值，截面沿草绘平面的两侧等值拉伸。

⊨ 到下一个（To Next）：拉伸至下一曲面。使用此选项，特征至第一个曲面时终止。

⊫ 穿透（Through All）：拉伸至与所有曲面相交。使用此选项，特征至最后一个曲面时终止。

⊥ 穿至（Through Until）：拉伸至与选定的曲面或平面相交。

⊟ 到选定的（To Selected）：拉伸至一个选定点、曲线、平面或曲面。

如图 4-17 所示为 6 种深度方式的使用。

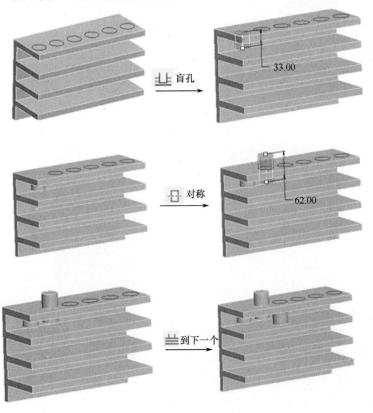

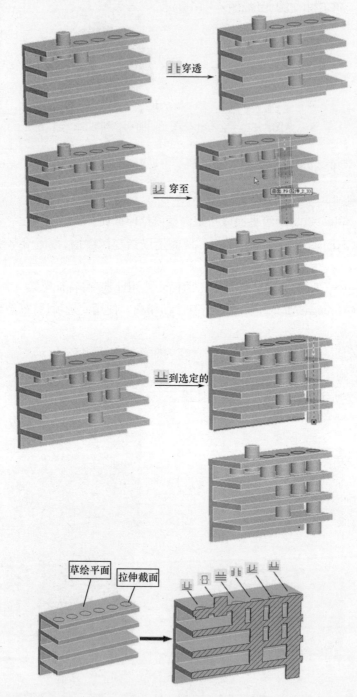

图 4 – 17　深度选项

4.2.4　关于拉伸选项

　　当需要进行两侧同时拉伸时,可以单击操作面板中"选项",分别定义两侧的深度值,如图 4 – 18 所示。当进行曲面拉伸时,也可以通过"选项"中的 □ 封闭端,使曲面的上下端面封闭,如图 4 – 19 所示。

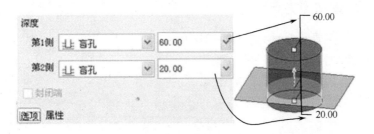

图 4 – 18　两侧拉伸

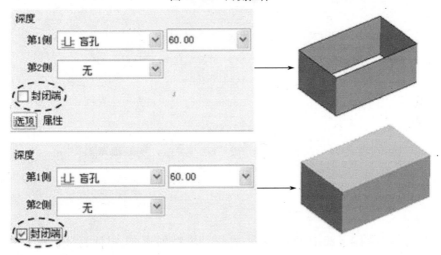

图 4 – 19　封闭端

4.2.5　关于切除材料

在定义切除特征是经常需要定义下列属性,如图 4 – 20 所示。

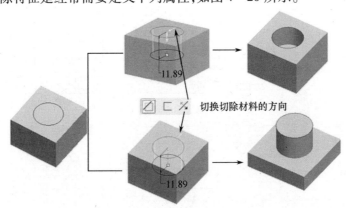

图 4 – 20　切除材料材料侧定义

（1）对于切除和伸出项,可单击"去除材料"按钮 ⬜ ,进行两者之间的切换。

（2）通过单击"反向材料侧"按钮 ⬜ ,切换切除材料的方向,默认切除草绘截面内部的材料,反向为切除草绘截面以外的材料。

4.2.6 关于薄壁加厚方向

薄壁厚度方向主要有3种,如图4-21所示。

(1) 向草绘截面内部"侧1"添加厚度

(2) 向草绘截面外部"侧2"添加厚度

(3) 向草绘截面两侧添加厚度。

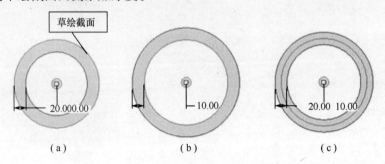

图4-21 薄壁加厚方向

(a)"侧1"添加厚度;(b)"侧2"添加厚度;(c)两侧添加厚度。

4.2.7 拉伸范例

范例描述:

本范例绘制如图4-22所示的模型,在进行模型创建前,需认真分析模型的创建步骤,然后再逐步完成模型的创建,模型的创建步骤可参照图4-23,通过本次练习时应全面掌握以下知识点:

(1) 拉伸特征的创建。

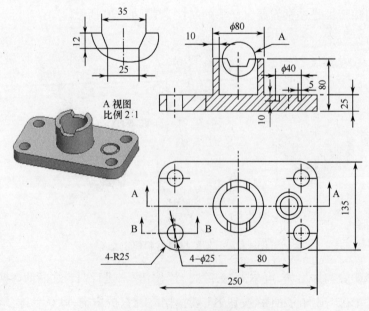

图4-22 模型图

（2）拉伸特征类型的使用。

（3）深度选项的定义。

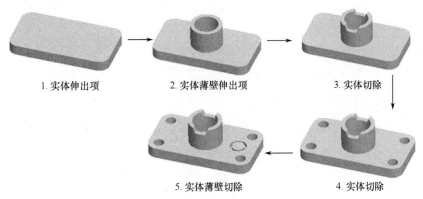

1. 实体伸出项   2. 实体薄壁伸出项   3. 实体切除

5. 实体薄壁切除   4. 实体切除

图 4 - 23   拉伸实例创建步骤

创建的具体步骤如下：

（1）创建零件文件，单击菜单中的【文件】→【新建】命令（或单击工具按钮⬚），输入名称 extrude1，取消"使用缺省模板"，单击"确定"按钮，如图 4 - 24 所示。

（2）在出现的"新文件选项"中，选择 mmns_part_solid 模板，然后单击"确定"按钮，如图 4 - 25 所示。

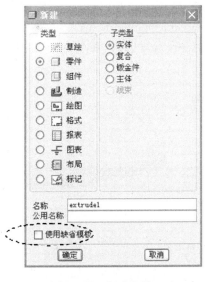

图 4 - 24   新建文件

图 4 - 25   新文件选项

（3）单击⬚按钮，单击操控面板上的"放置"按钮，在上拉的"草绘"参照面板上单击"定义"按钮打开"草绘"对话框，在绘图区域先取基准平面 FRONT 作为草绘平面，"参照"使用系统默认的基准平面，然后单击"草绘"按钮进入草绘界面，如图 4 - 26 所示。

（4）绘制拉伸草绘截面，该截面是上下左右完全对称的截面，草绘时可先绘制部分截面，然后通过草绘镜像功能镜像草绘截面，如图 4 - 27 所示，绘制完成后，单击"✔"按钮，返回实体建模环境。

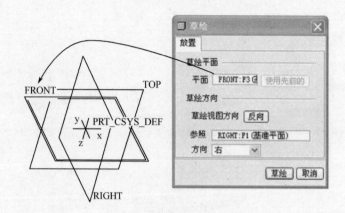

图 4-26 草绘平面的选取

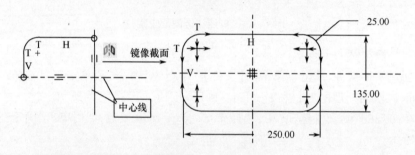

图 4-27 草绘截面

（5）在定义拉伸深度文本框中输入 25，采用盲孔深度方式，并单击"✔"按钮，结束第一次实体特征的创建，如图 4-28 所示。

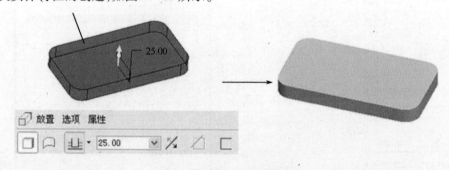

图 4-28 第一次拉伸特征

（6）创建薄壁长出特征，单击 🗔 按钮，在出现的操作面板上单击 🗆 按钮，输入深度值为 80，壁厚值为 10，然后进入"草绘"设置界面，选取实体顶面作为草绘平面，单击"草绘"按钮进入草绘界面，如图 4-29 所示。

（7）进入草绘截面，绘制草绘截面，绘制完成后，单击 🗔 按钮，并确定拉伸特征深度方向及薄壁加厚的方向，最后单击"✔"按钮，如图 4-30 所示。

（8）创建拉伸切除特征，单击 🗔 按钮，然后在操作面板上单击"切除材料"按钮 ⧄，选取基准平面 TOP，作为草绘平面，然后单击"草绘"按钮进入草绘界面，如图 4-31 所示。

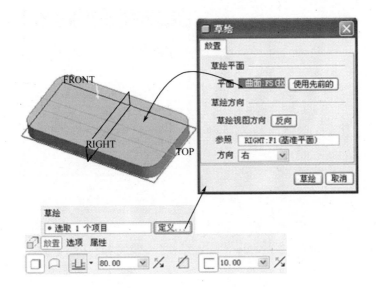

图 4 – 29　薄壁拉伸草绘设置

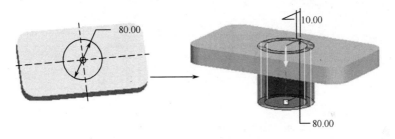

图 4 – 30　薄壁拉伸特征

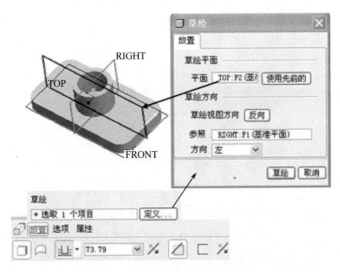

图 4 – 31　切除材料草绘设置

（9）进入草绘界面后，选取草绘参照，选择菜单中的【草绘】→【参照】命令，然后选择圆柱体特征的顶面作为参照，如图 4 – 32 所示。

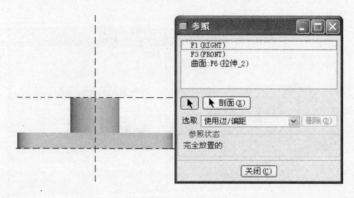

图 4-32　参照选项

（10）绘制如图 4-33 所示草绘截面,绘制完成后,单击草绘中"确定"按钮,将两侧的拉伸深度设置为"穿透",最后在操作面板单击"✔"按钮,如图 4-34 所示。

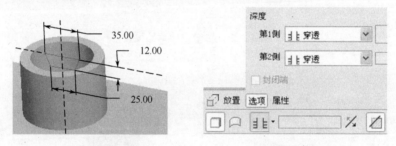

图 4-33　草绘截面　　　　　　　　图 4-34　深度选项

（11）创建拉伸切除特征 2,选取底板上平面,作为草绘平面,如图 4-35 所示。

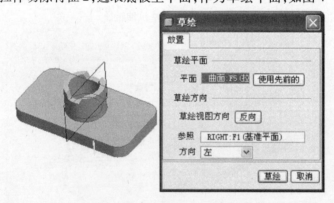

图 4-35　切除特征 2 草绘设置

（12）绘制如图 4-36 所示草绘截面,绘制 4 个与圆弧面同心的同心圆,绘制完成后,单击 ⬚ 按钮,将拉伸深度设置为"到选定的",然后选取底板底面作为参照面,最后在操作面板单击"✔"按钮,如图 4-37 所示。

（13）创建薄壁切除特征,单击 ⬚ 按钮,然后在操作面板上单击"切除材料"按钮 ⬚ "薄壁"按钮 ⬚。因为这里所选取的草绘平面与上一步草绘平面相同,可以单击"草绘"设置对话框中的"使用先前的",系统会自动使用上一步中的草绘平面,然后单击"草绘"

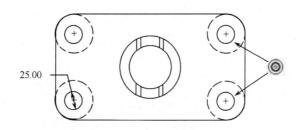

图 4 – 36 草绘截面

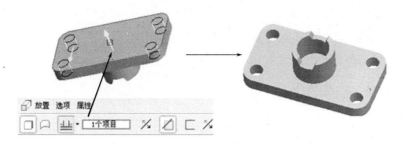

图 4 – 37 深度方式设置

按钮进入草绘界面,绘制草绘截面,如图 4 – 38 所示。

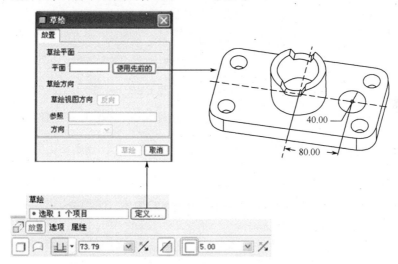

图 4 – 38 薄壁切除特征

(14)绘制完草绘截面后,单击 按钮,然后设置拉伸高度值为 10,并设置拉伸的方向,最后在操作面板单击"✔"按钮,如图 4 – 39 所示。

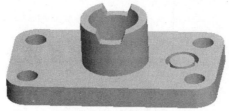

图 4 – 39 完成结果

4.3　旋转特征概述

　　旋转特征的创建过程基本上和拉伸拉伸特征相似,过选择菜单中的【插入】→【旋转】命令,或单击 ⊕ 按钮,就会出现如图4－40所示的操控面板。

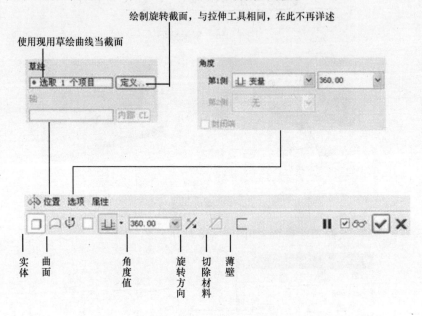

图4－40　旋转操控面板

　　创建旋转特征必须确定几个要素:旋转截面、旋转轴、旋转方向及旋转值。

4.3.1　旋转特征的种类

　　旋转特征的种类与拉伸特征的种类相似,也可以分为伸出项和切除材料两大类,其中伸出项包括实体伸出项、薄壁伸出项、曲面伸出项,如图4－41所示。

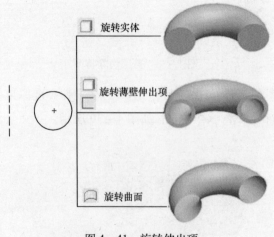

图4－41　旋转伸出项

切除也可以分为实体切除、薄壁实体切除、曲面修剪,如图 4 – 42 所示。

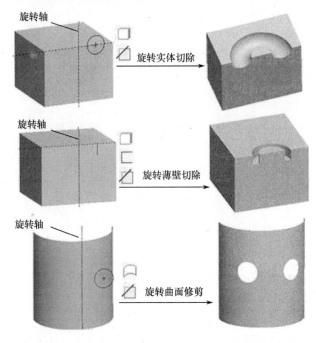

图 4 – 42 旋转切除

4.3.2 旋转截面

在旋转特征中绘制截面与拉伸特征绘制截面的要求相同:

(1) 旋转特征为实体(非薄壁类),且为第 1 个实体特征时,要求截面必须是封闭的。

(2) 当旋转薄壁类实体、曲面或在原有实体的基础上添加旋转实体特征时,草绘截面可以不封闭,如图 4 –43 所示。

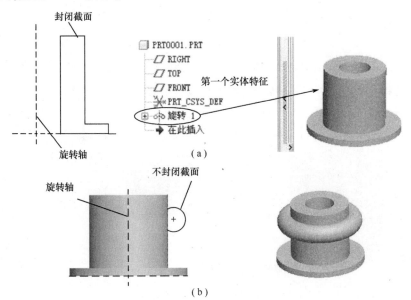

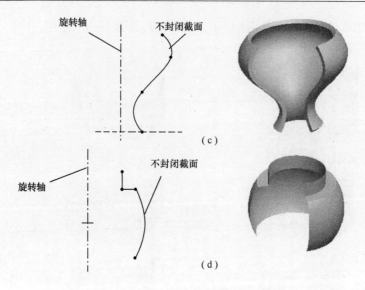

图 4－43　旋转特征截面要求

（a）封闭截面的旋转实体特征；（b）在实体特征上添加旋转特征；（c）旋转薄壁特征；（d）旋转曲面特征。

4.3.3　旋转轴

旋转轴是旋转特征必不可少的一个元素,旋转轴的确定方法有两种:

（1）在草绘的过程中绘制中心线,作为旋转轴,在绘制多个中心时,系统默认以第 1 个绘制的中心线作为旋转轴,如果不采用系统默认指定的轴,可以先选择需要指定的中心线,然后通过右键中的"旋转轴"命令指定,如图 4－44 所示。

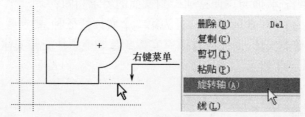

图 4－44　绘制旋转轴

（2）如果不在草绘中绘制旋转轴,则可在操作面板中指定基准轴或实体边线,作为旋转轴,如图 4－45 所示。

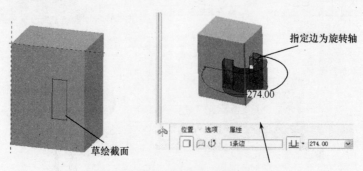

图 4－45　指定边为旋转轴

4.3.4 范例描述

本范例绘制如图 4-46 的模型,在进行模型创建前,需认真分析模型的创建步骤,然后再逐步完成模型的创建,模型的创建步骤可参照图 4-47,通过本次练习应全面掌握以下知识点:

(1) 旋转特征的使用。

(2) 拉伸特征的使用。

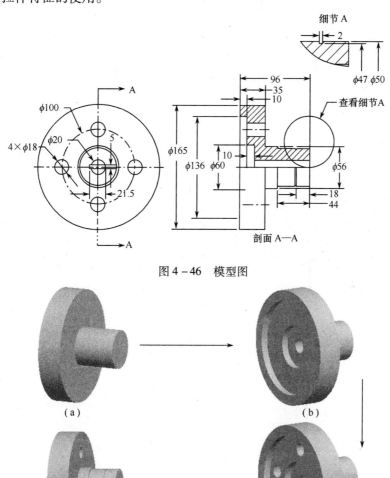

图 4-46 模型图

图 4-47 模型创建流程

(a) 旋转实体特征;(b) 旋转切除特征;(c) 拉伸切除特征;(d) 旋转切除特征。

创建的具体步骤如下:

1. 创建新文件

创建零件文件,选择菜单中的【文件】→【新建】命令(或单击 ⬜ 按钮),输入名称

Revolve1,取消"使用缺省模板",最后单击"确定"按钮,如图 4 - 48 所示。

在出现的"新文件选项"中,选择 mmns_part_solid 模板,然后单击"确定"按钮,如图 4 -49所示。

图 4 - 48　新建文件　　　　　　　　　　　图 4 - 49　新文件选项

2. 创建第一个旋转实体特征

单击⟡按钮,单击操控面板上的"位置"按钮,在上拉的"草绘"界面上单击"定义"按钮打开"草绘"对话框,在绘图区先取基准平面 FRONT 作为草绘平面,"参照"使用系统默认的基准平面,然后单击"草绘"按钮进入草绘界面,如图 4 - 50 所示。

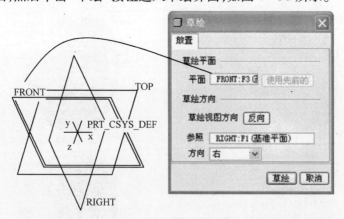

图 4 - 50　草绘平面的选取

绘制拉伸草绘截面,首先绘制中心线,然后再绘制其旋转截面,如图 4 - 51 所示,绘制完成后,单击▢按钮,返回实体建模环境,最后在操控面板上单击"✔"按钮,结果如图 4 - 52所示。

3. 创建一个旋转切除特征

单击⟡按钮,在出现的操控面板上单击▱按钮,再单击"位置"按钮,在上拉的"草绘"界面上单击"定义"按钮打开"草绘"对话框,单击对话框中的"使用先前的"按钮,进入到草绘截面。

选取参照,选择菜单中的【草绘】→【参照】命令,选择模型上的边为绘图参照,选取完成后单击"关闭"按钮,如图 4 - 53 所示。

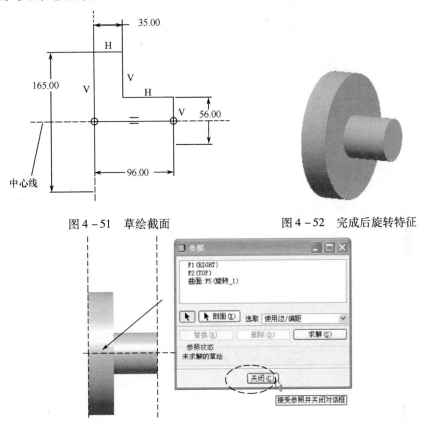

图 4 - 51　草绘截面　　　　　　　　图 4 - 52　完成后旋转特征

图 4 - 53　选取参照

绘制如图 4 - 54 所示的草绘截面,完成后,单击按钮,返回实体建模环境,单击"✔"按钮完成,结果如图 4 - 55 所示。

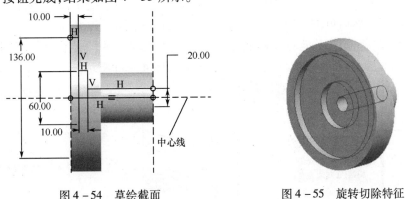

图 4 - 54　草绘截面　　　　　　　　图 4 - 55　旋转切除特征

4. 创建拉伸切除特征

单击按钮,然后再单击按钮,再单击操控面板上"放置"按钮,在上拉的"草绘"界面上单击"定义"按钮打开"草绘"对话框,选取模型上端面作为草绘平面,如图 4 - 56

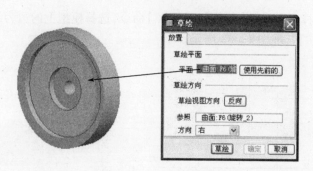

图 4 – 56　草绘平面选取

所示,然后单击"草绘"按钮进入草绘界面。

　　绘制如图 4 – 57 所示截面,截面中包括 4 个直径为 18 的圆、一个直径为 100 的构建圆和一个矩形,单击"✓"按钮,完成截面绘制,在操控面板中选择"切除材料"的"深度"类型为"穿透",定义完成后单击"✓"按钮,结果如图 4 – 58 所示。

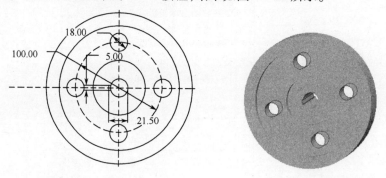

图 4 – 57　草绘截面　　　　　　　　　　　　　图 4 – 58　拉伸切除特征

5. 创建旋转切除特征

　　单击 ✛ 按钮,再单击 △ 按钮,然后单击操控面板上"放置"按钮,在上拉的"草绘"界面上单击"定义"按钮打开"草绘"对话框,选取 FRONT 面作为草绘平面,"参照"使用系统默认的基准平面,然后单击"草绘"按钮进入草绘界面,如图 4 – 59 所示。

　　在绘制截面之前,请先确定好绘制截面的参照,选择菜单中的【草绘】→【参照】命令,然后选择相应的边为参照,完成后单击"关闭"按钮,如图 4 – 60 所示。

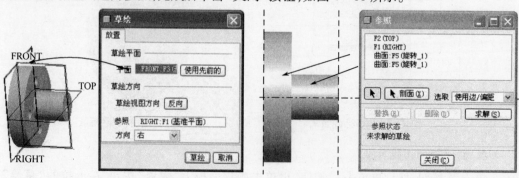

图 4 – 59　选取草绘平面　　　　　　　　　　　图 4 – 60　参照选取

绘制如图 4 – 61 所示的草绘截面。

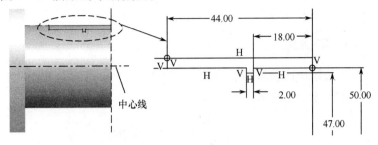

图 4 – 61　草绘截面

完成后的最终结果如图 4 – 62 所示。

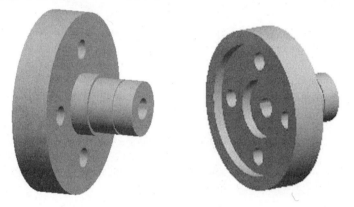

图 4 – 62　最终结果

4.4　扫描特征概述

前面介绍的两种建模方式虽然已经能满足大部分建模需求,但对于一些复杂特征的创建却无法直接完成,下面介绍"扫描"和"混合"两种创建特征的方式。通过选择菜单中的【插入】→【扫描】命令,可以创建实体、薄壁、曲面、并作相应的切除操作,如图 4 – 63 所示。

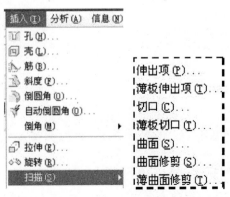

图 4 – 63　扫描菜单命令

　　扫描特征由扫描截面及扫描轨迹构成,扫描轨迹可以使用绘制的草绘轨迹,也可以使用选定的曲线或边构成的扫描轨迹。

4.4.1　扫描特征的类型

　　扫描特征可分为扫描伸出项和扫描切除两大类,其中扫描伸出项包括实体特征、曲面特征、薄壁特征,如图4-64所示。

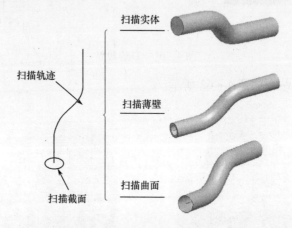

图4-64　扫描伸出项类型

　　切除同样也可以分为实体切除、薄壁实体切除、曲面切除、薄壁曲面切除,如图4-65所示。

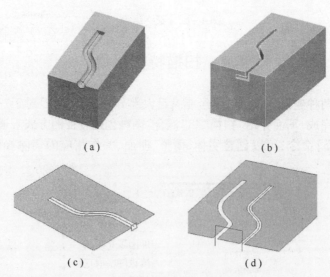

(a)　　　　　　　　　　　　　(b)

(c)　　　　　　　　　　　　　(d)

图4-65　扫描切除类型
(a)实体修剪;(b)薄壁修剪;(c)曲面修剪;(d)曲面薄壁修剪。

4.4.2　扫描特征的属性

　　扫描轨迹是扫描截面进行扫描的路径,一般情况下,扫描轨迹有"草绘轨迹"和"选取轨迹"两种,如图4-66所示。

草绘轨迹(SKETCH TRAJ):在草绘模式下绘制的草绘轨迹线。

选取轨迹(SELECT TRAJ):选取现有曲线或边的链作为扫描轨迹。用"链"菜单管理器可选取需要的轨迹,如图 4 – 67 所示。

图 4 – 66 "扫描轨迹"菜单   图 4 – 67 "链"(CHAIN)

1. 草绘轨迹

选取"草绘轨迹"(SKETCH TRAJ)选项,则进入草绘平面选取的对话框,可选取基准平面或曲面面组(必须是平面)作为草绘平面,然后再到"方向"(DIRECTION)中选取"正向"(Okay),最后从"草绘视图"(SKET VIEW)中选取"缺省"(Default),进入草绘模式,如图 4 –68 所示。

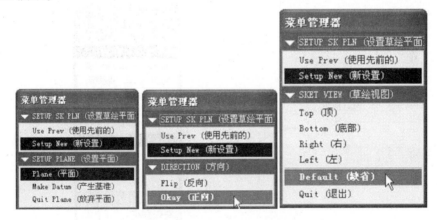

图 4 –68 "草绘轨迹"操作流程

"菜单管理器"中的"设置平面"(SETUP PLANE)菜单中有 3 个选项。

平面(Plane):从当前视图中选取草绘平面。

产生基准(Make Datum):创建基准平面,作为草绘平面。

放弃平面(Quit Plane):取消草绘平面的定义。

起始点:在绘制轨迹线时,系统默认以草绘开始的第 1 点作为扫描的起始点,起始点上会出现箭头标识,用户可以重新定义起始点位置,如图 4 –69 所示,操作如下:

选择将要定义为起始点的端点,然后单击鼠标右键菜单中的"起始点"命令,将选取的端点定义为"起始点"。

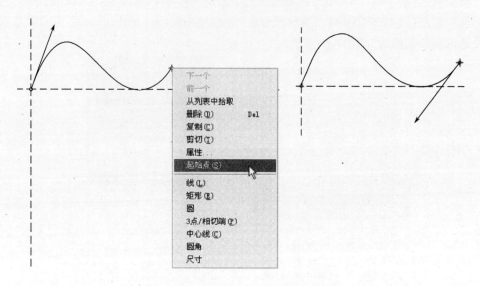

图 4 - 69 "草绘轨迹"中"起始点"定义

2. 选取轨迹

若需要使用现有的边或曲线作为轨迹线,可采用"选取轨迹"(Select Traj)方式,选取"选取轨迹"后,到"链"(CHAIN)中选取曲线的选取方式,再到图形区域选取曲线,选取完曲线最后单击"菜单管理器"中的"完成"(Done)命令,如图 4 - 70 所示。

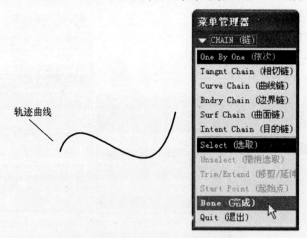

图 4 - 70 "选取轨迹"菜单管理器

在"链"菜单中选取轨迹线的方式有以下几种:

依次(One By One):按住 Ctrl 键依次选取现有的曲线或实体上的边链。

相切链(Tangnt Chain):选取一条边线,所有与其相切的线将自动被选取。

曲线链(Curve Chain):选取基准曲线为轨迹线。

边界链(Bndry Chain):选取面组,以面组的单侧边作为轨迹线。

曲面链(Surf Chain):选取一个曲面,以曲面的边界作为轨迹线。

目的链(Intent Chain):选取模型中预定义的边际和作为轨迹线。

扫描轨迹线可以是不封闭,也可以是封闭的,所以其相应的"属性"(ATTRIBUTES)选项不同。当轨迹线为不封闭时,此时的"属性"菜单管理器有两个选项:

合并终点(Merge Ends):将扫描端点合并到相邻的实体几何上,如图4-71所示。

图4-71 合并终点

自由端点(Free Ends):不将扫描端点合并到相邻的实体几何上,如图4-72所示。

图4-72 自由端点

当轨迹线为封闭时,此时的"属性"(ATTRIBUTES)菜单管理器有两个选项,如图4-73所示。

增加内部因素(Add Inn Fcs):对于开放截面,将添加顶面和底面,以闭合扫描实体(平面的、闭合轨迹和开放的截面)。生成的特征包括通过扫描该截面创建的曲面,并有两个盖住开放端点的平曲面,当"属性"(ATTRIBUTES)定义为该选项时,草绘截面必须是不封闭的,如图4-74所示。

无内部因素(No Inn Fcs):不添加顶面和底面,当"属性"定义该选项时,草绘截面是封闭的,如图4-75所示。

图4-73 轨迹封闭时的
"属性"菜单管理器

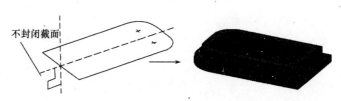

图4-74 "增加内部因素"选项

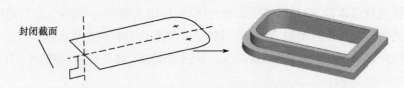

图 4-75 "无内部因素"选项

4.4.3 扫描范例

范例描述:按照图 4-76 所示的工程图尺寸绘制出三维模型,模型的创建过程可参照图 4-77,通过本次练习让学员全面掌握以下知识点:

(1) 扫描轨迹线的创建。

(2) 扫描截面的创建。

(3) 扫描属性的定义。

(4) 基准平面的创建。

(5) 拉伸特征的创建。

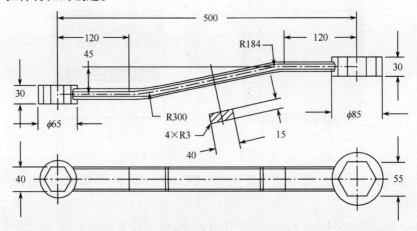

图 4-76 模型尺寸图

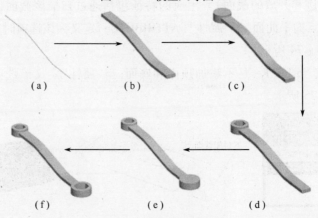

图 4-77 模型创建流程

(a)草绘扫描轨迹线;(b)扫描特征;(c)拉伸长出特征;(d)拉伸切除特征;(e)拉伸长出特征;(f)拉伸切除。

创建的具体步骤如下：

1. 创建新文件

创建零件文件，选择菜单中的【文件】→【新建】命令（或单击▯按钮），输入名称为sweep1，取消"使用缺省模板"，最后单击"确定"按钮，在出现的"新文件选项"中，选择mmns_part_solid 模板，然后单击"确定"按钮，进入三维绘图界面。

2. 草绘扫描轨迹线

单击"草绘曲线"工具按钮，选取 FRONT 面为草绘平面，如图 4－78 所示然后单击"草绘"进入草绘模式，绘制如图 4－79 所示的草绘截面（相对于扫描截面，扫描轨迹中的弧或样条半径值，不能小于扫描截面的半径，否则使特征经过扫描轨迹弧时与自身相交）。

图 4－78　"草绘"对话框

图 4－79　草绘截面

3. 创建扫描特征

选择菜单中的【插入】→【扫描】→【伸出项】命令，然后在出现的"菜单管理器"中选取"选取轨迹"（Select Traj），选取"曲线链"（Curve Chain）方式，然后选取前面绘制好的曲线，在出现的"链选项"（CHAIN OPT）中选取"选取全部"（Seletct All），完成后单击"完成"（Done）选项，进入草绘截面的草绘模式，如图 4－80 所示。

图 4－80　选取扫描轨迹

绘制如图 4-81 所示的草绘截面,截面要求是封闭的。

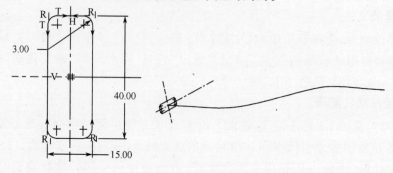

图 4-81　草绘截面

完成草绘后,单击 按钮,退出草绘,在"伸出项:扫描"对话框中单击"确定"按钮,完成扫描特征的创建,结果如图 4-82 所示。

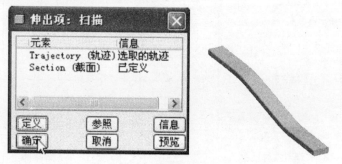

图 4-82　完成结果

4. 创建圆柱拉伸特征

结果如图 4-83 所示。

单击 按钮,单击操控面板上的"放置"按钮,在其上拉菜单中单击"定义"选项,选取 TOP 基准面作为草绘平面,绘制如图 4-84(a)所示的草绘截面,完成草绘后,定义模型拉伸高度,操控面板上选取"对称" 深度方式 ,高度值为 30,如图 4-84(b)所示。

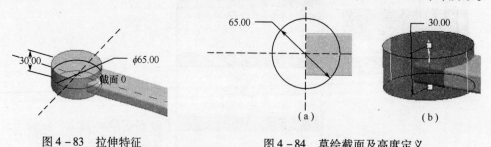

图 4-83　拉伸特征

图 4-84　草绘截面及高度定义
(a)草绘截面;(b)拉伸高度。

5. 创建正六角孔特征

结果如图 4-85 所示。

单击 按钮,单击操控面板上的 按钮,然后再单击"放置"按钮,并单击上拉菜中的"定义"选项,选取圆柱特征的顶面为草绘平面,如图 4 – 86 所示。

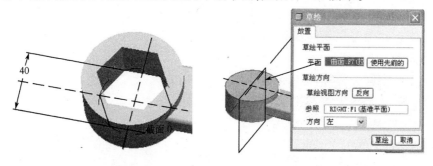

图 4 – 85　拉伸切除　　　　　　图 4 – 86　选取草绘平面

绘制如图 4 – 87(a)所示的草绘截面,完成草绘后,在操控面板上定义深度方式为"穿透" ,并切换拉伸方向,如图 4 – 87(b)所示。

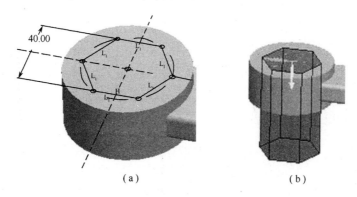

（a）　　　　　　　　　　　（b）

图 4 – 87　草绘截面及拉伸深度定义
（a）草绘截面；（b）拉伸方向。

6. 创建基准平面

以 TOP 基准平面为参照,通过偏移 45,产生一个基准平面,单击 按钮,选取 TOP 基准面,根据设计意图调整偏移的方向,输入偏移值为 45,产生 DTM1 的基准面,如图 4 – 88所示。

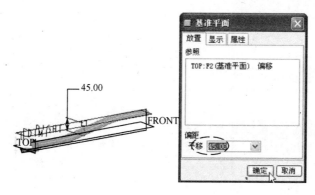

图 4 – 88　创建基准平面

7. 创建圆柱拉伸特征

草绘平面选取上一步创建的基准平面 DTM1 为草绘平面,圆柱直径为 85,高度为 30,过程不再详述,可参考步骤 4,结果如图 4－89 所示。

8. 创建内六角孔特征

在上一步创建的圆柱特征上面,切除一个正六边形,尺寸为 55,深度方式为"穿透",过程不再详述,可参考步骤 5,结果如图 4－90 所示。

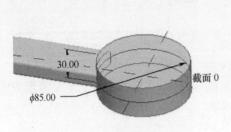

图 4－89 圆柱拉伸特征

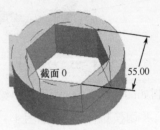

图 4－90 内六角孔特征

4.5 混 合 特 征

4.5.1 混合特征概述

一个混合特征一般用于非规则形状的创建,其特征由两个或两个以上截面构成,系统会将这些平面截面的边缘处用过渡曲面连接形成一个连续的特征。

选择菜单中的【插入】→【混合】→【伸出项】命令,系统会弹出"混合选项"(BLEND OPTS)菜单管理器,如图 4－91 所示。

混合特征有"平行"(Parallel)、"旋转的"(Rotational)、一般(General)三种混合类型,如图 4－92 所示。

图 4－91 "混合选项"菜单管理器

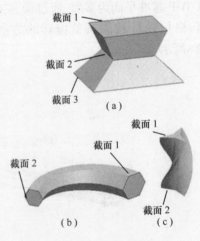

图 4－92 混合类型
(a)平行混合;(b)旋转混合;(c)一般混合。

具体意义如下：

平行（Parallel）：所有混合截面都位于多个平行的草绘截面中。

旋转（Rotational）：混合截面绕 Y 轴旋转，最大角度可达 120°。每个截面都单独草绘，并用截面坐标系对齐。

一般（General）：一般混合截面可以绕 X 轴、Y 轴和 Z 轴旋转，也可以沿这三个轴平移。每个截面都单独草绘，并用截面坐标系对齐。

1. 混合截面的创建方式的 4 种类型

规则截面（Regular Sec）：特征使用草绘平面获取混合截面。

投影截面（Project Sec）：特征使用选定的曲面上的截面投影，该选项只适用于平行混合。

选取截面（Select Sec）：选取截面图元，平行混合不适用于该选项。

草绘截面（Sketch Sec）：草绘截面图元。

2. 混合特征的属性选项

截面之间的连接关系可以通过"属性"（ATTRIBUTES）菜单管理器进行定义，主要有两种连接方式，如图 4 – 93 所示。

图 4 – 93　"属性"（ATTRIBUTES）菜单管理器

直的（Straight）：各混合截面之间采用直线连接过渡，如图 4 – 94（a）所示。

光滑（Smooth）：各混合截面之间采用光滑曲线连接过渡，如图 4 – 94（b）所示。

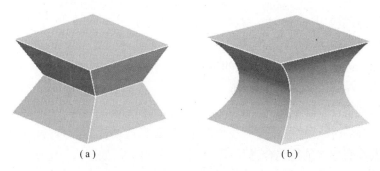

（a）　　　　　　　　　　　　　　（b）

图 4 – 94　连接方式

（a）"直的"（Straight）连接；（b）光滑（Smooth）连接。

3. 创建混合截面的注意点

混合特征由多个混合截面混合构成，混合特征的创建很重要的一部分在于混合截面的创建，创建混合截面时需要满足以下几点。

1）混合截面中图元的数量

每一个混合截面中图元数量必须相同（点截面除外），其实也就是要求混合顶点数量相等，这也是所有不同类型的混合特征的共同要求，如图4－95（a）所示，两个截面中混合顶点的数量都是4个，如果混合截面是圆或椭圆，需要将其进行分割，如图4－95（b）所示。

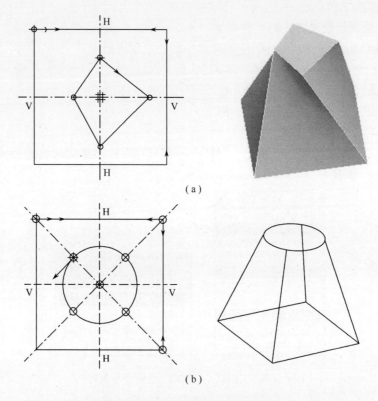

（a）

（b）

图4－95　混合截面图元数目相等

（a）绘制图元数目相等的混合截面；（b）通过分割使混合截面图元数目相当。

2）混合顶点的应用

如果所绘制的混合截面的混合顶点不相等时，可通过添加混合顶点的方式，增加混合顶点，操作方法：选择要添加混合顶点的位置，然后按住鼠标右键，选择右键菜单中的"混合顶点"（Blend Vertex），如图4－96所示。

3）点截面的混合

创建混合特征时，点也可以作为一个混合截面，点截面比较特殊，截面中所有的混合顶点都会和点截面中点进行混合，而不需要添加混合顶点，如图4－97所示。

4）混合截面的起始点

混合截面中带黄色箭头标识的点为该截面的混合起始点，截面间的混合就是通过起始点开始，将不同截面连接起来。若起始点的位置设置不同，得到的特征形状也会不同，如图4－98所示，混合顶点的位置是可以移动的，具体操作为：选择新的起始点位置，然后按住鼠标右键，选择右键菜单中的"起始点"命令。

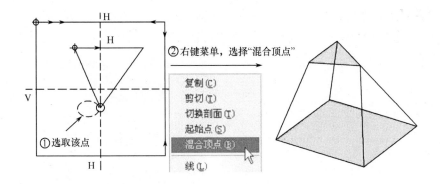

图 4 - 96 混合顶点

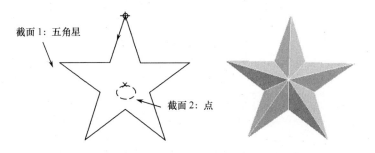

图 4 - 97 点截面混合

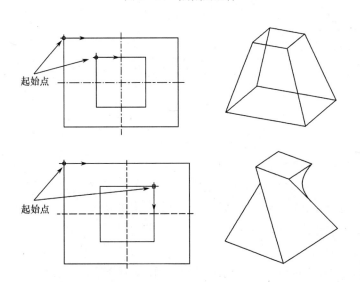

图 4 - 98 混合截面的起始点

4.5.2 混合特征的创建

1. 平行混合

1）新建文件

新建一个名称为 blend1 的文件,采用 mmns_part_solid 模板。

2）创建平行混合特征

选择菜单中的【插入】→【混合】→【伸出项】→【完成】命令,菜单命令如图 4 - 99 所示。

图 4 - 99　菜单命令

在出现的"属性"菜单管理器中,选择【直的】→【完成】(Done)命令,"菜单管理器"切换到"设置草绘"(SEEUP SK PLN),选取绘图区域中 FRONT 基准面作为草绘面,然后单击"菜单管理器中"的【确定】→【缺省】命令,如图 4 - 100 所示,完成后进入到草绘界面中。

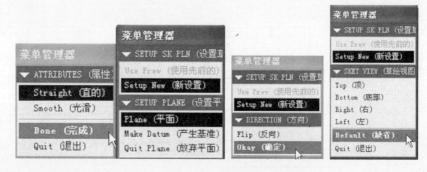

图 4 - 100　依次选取菜单管理器

在第 1 个截面中绘制一个矩形,如图 4 - 101 所示。

在菜单栏中选择【草绘】→【特征工具】→【切换剖面】命令(或在右键菜单中选择"切换剖面"按钮,如图 4 - 102 所示),此时前面所绘制的矩形线框为灰色显示,及为非活

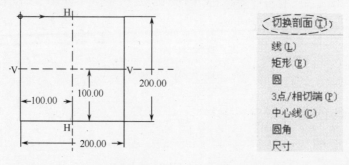

图 4 - 101　第一个草绘截面　　　　图 4 - 102　右键中"切换剖面"命令

动截面。

创建第 2 个截面,绘制一个矩形,如图 4 – 103 所示,在右键菜单中"切换剖面"切换绘制第 3 个截面,截面为直径为 130 的圆,如图 4 – 104 所示。

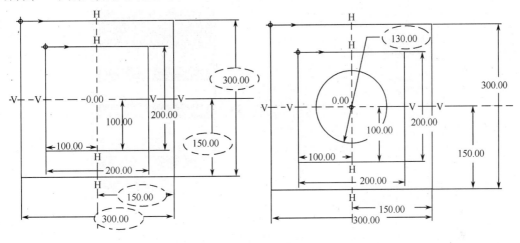

图 4 – 103　第二个截面　　　　　　　图 4 – 104　第三个截面

在菜单中选择【编辑】→【修剪】→【分割】命令,将草绘圆均分割成四段,通过约束,约束 4 个分割点水平、竖直平齐,如图 4 – 105 所示。

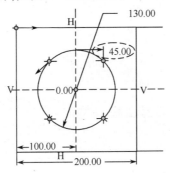

图 4 – 105　分割圆

单击草绘界面中 按钮,此时消息区弹出"输入截面 2 深度"对话框,输入 100,按回车键确认,消息区继续弹出"输入截面 3 的深度",再按回车键确认,如图 4 – 106 所示。

最后,单击"伸出项:混合,平行"对话框中的"确认"按钮,完成平行混合特征的绘制,结果如图 4 – 107 所示。

图 4 – 106　"输入深度"对话框　　　图 4 – 107　结果模型

2. 旋转混合

1）新建文件

新建一个名称为 blend2 的文件,采用 mmns_part_solid 模板。

2）创建旋转混合特征

选择菜单中的【插入】→【混合】→【伸出项】→【旋转混合】→【完成】命令,菜单命令如图4-108所示。

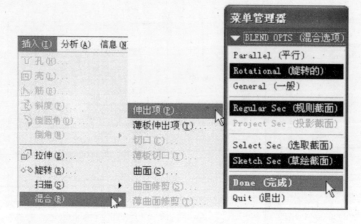

图4-108　菜单命令

在出现的"属性"菜单管理器中,选择【光滑】→【封闭的】→【完成】选项,"菜单管理器"切换到"设置草绘"(SETUP SK PLN),选取绘图区域中 FRONT 基准面作为草绘面,然后单击"菜单管理器中"的【确定】→【缺省】命令,如图4-109所示,完成后进入到草绘界面中。

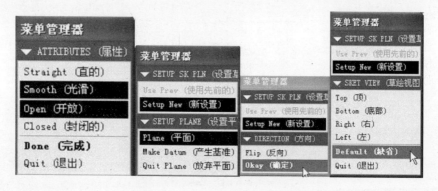

图4-109　依次选取菜单管理器

使用草绘中的"草绘器调色板"(Sketcher Palette)创建一个六边形,单击草绘中的 按钮,在出现的"草绘器调色板"(Sketcher Palette 中选择"多变形"(Polygons)下的"六边形"(Hexagon),双击选择"六边形"(Hexagon),在绘图区域中单击左键放置图形,并在出现的"缩放旋转"对话框中输入比例为30,完成后,单击对话框中的" ✔ "按钮,然后再单击"草绘器调色板"(Sketcher Palette)中的"关闭"(Close)按钮,完成六边形的创建,如图4-110所示。

在草绘中创建一个坐标系,可选择菜单中的【草绘】→【坐标系】命令,绘制草绘中的坐标系,完成后单击草绘界面中的 按钮,消息提示栏中弹出"为截面2输入 y_axis 旋转角度",输入120,单击回车键确认,如图4-111所示。

在新出现的草绘界面中,绘制一个正六边形及一个坐标系,方法同上,绘制完后单击

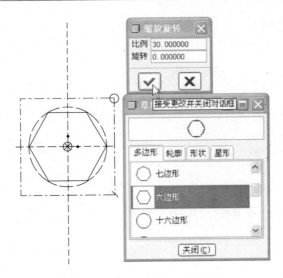

图 4 - 110　绘制第一个截面

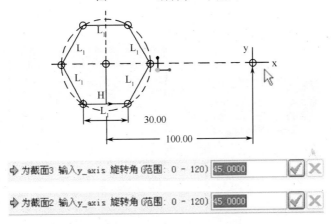

图 4 - 111　创建第一个截面

草绘截面中的 按钮,在消息栏出现提示"继续下一截面吗?",单击"是",接着再弹出提示"为截面 3 输入 y_axis 旋转角度",采用默认的"45",单击回车键,如图 4 - 112 所示。

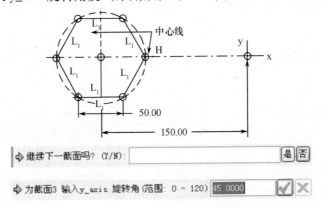

图 4 - 112　创建第二截面

以同样的方式绘制正六边形,完成后单击草绘截面中的 □ 按钮,在消息栏出现提示"继续下一截面吗?",单击"否",如图 4 - 113 所示。

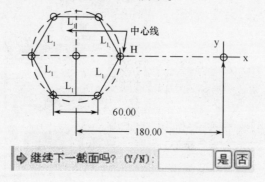

图 4 - 113　创建第三个截面

最后在"伸出项:混合,旋转的,..."对话框中单击"确定"按钮,结果如图 4 - 114 所示。

图 4 - 114　旋转混合结果模型

3. 一般混合

1) 新建文件

新建一个名称为 blend3 的文件,采用 mmns_part_solid 模板。

2) 创建一般混合特征

选择菜单中的【插入】→【混合】→【伸出项】→【一般混合】→【完成】命令,菜单命令如图 4 - 115 所示。

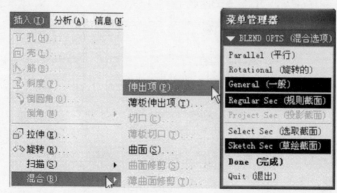

图 4 - 115　菜单命令

在"属性"菜单管理器中,选择【光滑】→【完成】命令,"菜单管理器"切换到"设置草绘"(SEEUP SK PLN),选取绘图区域中 FRONT 基准面作为草绘面,然后单击"菜单管理器中"的【确定】→【缺省】命令,如图 4 - 116 所示,完成后进入草绘界面。

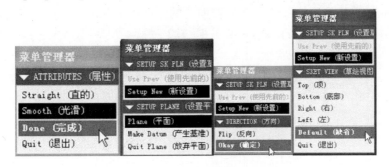

图 4 - 116 依次选取菜单管理器

使用[草绘器调色板]→[星形]→[4 角星形]命令绘制三角星形截面,并绘制坐标系,如图 4 - 117 所示。

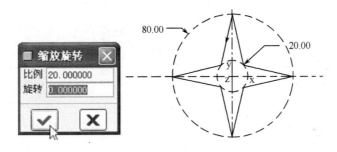

图 4 - 117 第 1 个草绘截面

绘制完第 1 个截面后,单击草绘截面中的 按钮,在消息栏出现提示,定义 x_axis 旋转角度为 0, y_axis 旋转角度为 0, z_axis 旋转角度为 60,如图 4 - 118 所示接着绘制第 2 个截面,尺寸形状完全与第 1 个截面相同,如图 4 - 119 所示,在此不再详述。

图 4 - 118 消息提示   图 4 - 119 第 2 个截面图

绘制完第 2 个截面后,单击草绘截面中的 按钮,在消息栏出现提示"继续下一截面吗?",单击 按钮,然后再定义 x_axis 旋转角度为 0, y_axis 旋转角度为 0, z_axis 旋转角度为 60,如图 4 - 120 所示接着绘制第 3 个截面,尺寸形状完全与第 1 个截面相同,如图 4 - 121所示,在此不再详述。

完成第 3 个截面的绘制,单击 按钮,在消息栏出现提示"继续下一截面吗?",单击

⇨ 继续下一截面吗? (Y/N) [是][否]

图 4 – 120 消息提示

[否]按钮,然后输入截面2的深度为100,截面3的深度为100,最后单击"伸出项:混合,一般,…"对话框中的"确定"按钮,结果如图4–122所示。

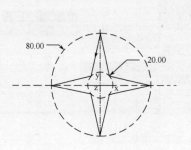

图 4 – 121 第3个截面图   图 4 – 122 结果文件

4.6 思 考 练 习

4.6.1 填空题

1.常用的基本建模方式有_____、_____、_____、_____。
2.拉伸特征中包含_____、_____、_____、_____等类型。
3.旋转特征的旋转轴线可以通过_____、_____创建。
4.扫描轨迹线有_____、_____两种类型。

4.6.2 选择题

1.以下属于"穿透"深度方式的是(   )。
    A. ⥮   B. ⥮
    C. ⥮   D. ⊟

2.下列图标中表示标准孔的是(   )。
    A. ⊻   B. ⊻
    C. ⊻   D. ⊔

3.下列不属于基本建模特征的是(   )。
    A.旋转特征   B.基准平面特征
    C.拉伸特征   D.混合特征

4.创建的第一个拉伸实体特征,要求草绘器(   )。
    A.带有中心线   B.截面封闭
    C.可以是开放草绘   D.可以重叠交叉

4.6.3 操作题

按照下列图示尺寸,绘制三维模型。

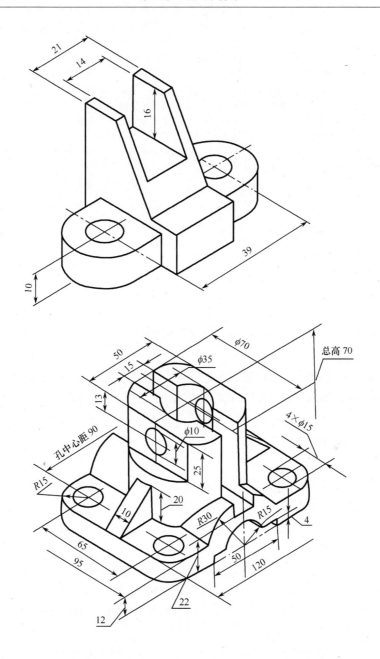

第5章 工程特征

学习要点：

（1）孔特征。

（2）壳特征。

（3）倒圆角和倒角特征。

（4）自动倒圆角特征。

（5）筋特征。

（6）拔模特征。

5.1 孔特征概述

零件设计经常需要创建孔特征，利用 Pro/E 提供的"孔"工具可向模型中添加简单孔、定制孔和工业标准孔。通过定义孔的位置添加孔。选择工具栏中的【插入】→【孔】命令，或直接单击 按钮，可以创建孔。

1. 使用孔工具可创建的孔类型

孔类型如图 5 - 1 所示。

（1）简单孔：由带矩形剖面的旋转切口组成。包括以下孔类型：

直孔：截面为圆形的直孔，类似于拉伸切除特征。

标准孔轮廓：可以为创建的孔指定埋头孔、沉孔和刀尖角度孔（Pro/E 4.0 新功能）。

草绘孔：对于一些形状复杂的孔，如锥孔，可通过定义草绘截面决定孔的形状。

（2）标准孔：符合工业标准的螺纹孔，有英制螺纹孔、公制螺纹孔及锥螺纹孔（Pro/E 4.0 新功能）。

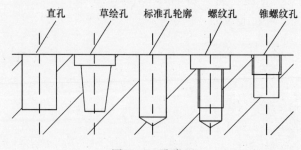

图 5 - 1　孔类型

2. 孔的操控面板

孔的操作面板如图 5 - 2 所示。

：创建简单孔，默认情况下会选取简单孔选项。

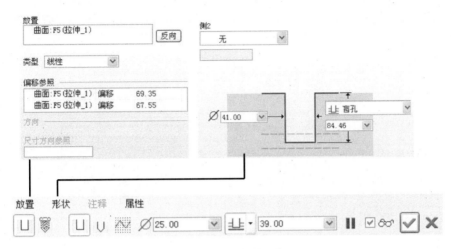

图 5 - 2　孔的操控面板

🛠:创建标准孔。

⊔:创建直孔,使用预定义的矩形作为钻孔轮廓。

∨:创建标准轮廓孔,使用标准孔轮廓作为钻孔轮廓。

▦:创建草绘孔,使用草绘来定义钻孔轮廓。

⌀ 41.00：直径文本框,控制孔的直径。该"直径"框与"形状"上滑面板中的"直径"框相对应。

深度选项列表⌴:显示孔深度选项。Pro/E 提供以下孔深度选项:

⌴盲孔:从放置参照钻孔到指定深度。

⊟对称:放置参照两侧的每一方向上,以指定深度值的 1/2 进行钻孔。

⩵到下一个:钻孔直至下一曲面。

⇟穿透:钻孔直到与所有曲面相交,所创建的孔为通孔。

⇟穿至:孔的深度直到与选定曲面相交。

⇟直到选定:孔的深度至选定点、曲线、平面或曲面。

注意:如果想独立控制第 2 方向(侧 2)深度,可使用"形状"上滑面板中的"侧 2"深度选项列表。

1. 放置

"放置"用于确定孔的位置的参照,Pro/E 3.0 中称为"主参照",主要包括以下内容:

(1)反向:改变孔的放置方向

(2)类型:孔的定位方式。

线性:使用两个线性尺寸在曲面上放置孔,如图 5 - 3(a)所示。

径向:使用一个线性尺寸和一个角度尺寸放置孔。一般使用圆柱体或圆锥实体曲面,为主放置参照时,可使用此类型,如图 5 - 3(b)所示。

直径:使用一个线性尺寸和一个角度尺寸放置孔绕轴旋转孔,如图 5 - 3(c)所示。

同轴:孔的放置位置与所选的参照轴同轴,如图 5 - 3(d)所示。

在点上:将孔放置在与所选的参照基准点对齐的位置,主放置参照选择基准点的时候,可使用此类型,如图 5 - 3(e)所示。

(3) 偏移参照:Pro/E 3.0 中称为"次参照",用来收集孔的定位参照。

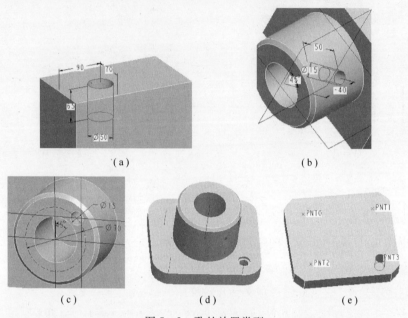

(a)　　　　　　　　　　　(b)

(c)　　　　　(d)　　　　　(e)

图 5 - 3　孔的放置类型

(a)线性;(b)径向;(c)直径;(d)同轴;(e)在点上。

2. 形状

用来定义孔的形状、直径、深度,Pro/E 为以下孔类型提供不同的"形状"上滑面板选项。

5.1.1　直孔创建

直孔是简单孔的一种,创建时需要定义孔的位置、孔的形状(直径及深度)。下面将在一块 100×100×50(长×宽×高)的板上创建一个直孔,具体的操作步骤如下:

(1) 单击创建孔特征的命令。

(2) 选择孔的"放置参照",如图 5 - 4 所示。

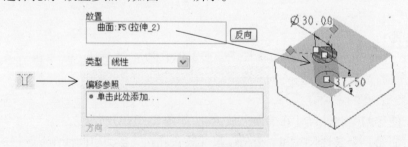

图 5 - 4　定义"放置参照"

(3) 选择孔的定位类型(线性、径向、直径等),这里采用默认的"线性"为例。

(4) 激活"偏移参照",然后选择相应参照,如图 5 - 5 所示。

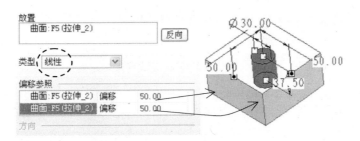

图 5 - 5　定义"偏移参照"

（5）定义孔的形状尺寸（直径、深度）。

（6）完成孔的创建，如图 5 - 6 所示。

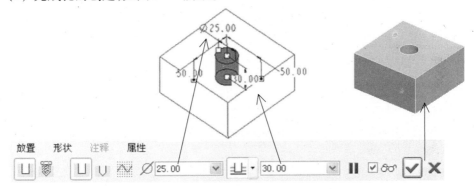

图 5 - 6　定义孔的形状尺寸及完成后结果

5.1.2　标准孔轮廓

标准孔轮廓孔可以用来添加带埋头、沉头和刀尖角度特征的孔，下面同样也是在 $100 \times 100 \times 50$ 的板上创建一个标准轮廓孔，具体操作步骤如下：

（1）单击"创建孔特征"按钮 。

（2）选择孔的"放置参照"，如图 5 - 7 所示。

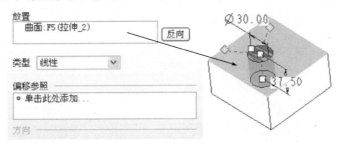

图 5 - 7　定义"放置参照"

（3）选择孔的定位类型（线性、径向、直径等）这里以选择"线性"为例。

（4）激活"偏移参照"，然后选择相应参照，如图 5 - 8 所示。

（5）单击操控面板中"标准轮廓孔"按钮 ，然后定义孔的形状尺寸（直径、深度），如图 5 - 9 所示。

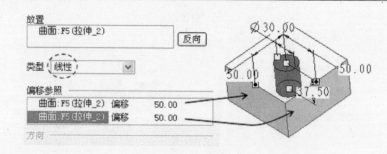

图 5-8   定义"偏移参照"

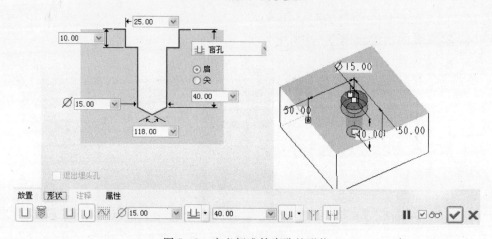

图 5-9   定义标准轮廓孔的形状

如果选取标准孔轮廓作为钻孔轮廓,则还有以下附加选项可用:

:允许用户向创建的孔中添加埋头孔。

:允许用户向创建的孔中添加沉孔。

:允许指定直到肩末端的钻孔深度,如图 5-10 所示。

:允许指定直到孔尖端的钻孔深度,如图 5-11 所示。

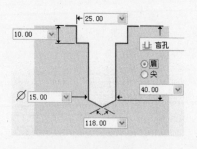

图 5-10   指定到肩末端

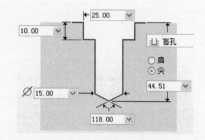

图 5-11   指定到孔尖端

(6) 单击操控面板中的"✔"按钮,结束标准轮廓孔的创建,如图 5-12 所示。

5.1.3   草绘孔的创建

草绘孔是以草绘截面的方式定义孔的形状,如同旋转特征的截面一样,绘制截面中需

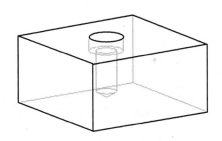

图 5 - 12　完成结果

要中心线,所绘制截面必须是封闭的,且至少有一条垂直于旋转轴的图元,创建的过程与其他孔的创建类似,在此不详述,其操作面板如图 5 - 13 所示。

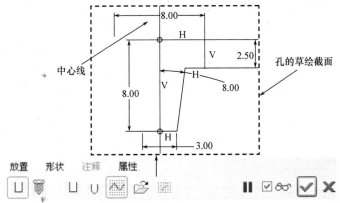

图 5 - 13　草绘孔的操控面板

以下选项只能用于草绘孔:

⊡:允许用现有的草绘轮廓(草绘截面)来创建草绘孔。

⊡:打开"草绘器",草绘孔的轮廓(草绘截面)。

5.1.4　标准孔的创建

符合工业标准的螺纹孔,有公制螺纹孔(ISO)、英制螺纹孔(UNC 粗牙和 UNF 细牙)及锥螺纹孔(ISO_7/1、NPT 和 NPTF)(Pro/E 4.0 新功能),标准孔的操控面板如图 5 - 14 所示。

图 5 - 14　标准孔操控面板

⊡:添加标准孔,创建符合工业标准的各种螺纹孔。

⊕:添加攻丝,默认情况下 Pro/E 会选取攻丝。

(1)选取"攻丝"时,下列选项可用:

⏀:允许用户创建螺纹孔。

⊔:允许用户指定直到肩末端或孔尖端的钻孔深度。

⅄:创建锥孔。

(2) 清除"攻丝"时,下列选项可用:

ⅠⅭ:创建间隙孔。

Ⅴ:创建钻孔。

下面以在 $100 \times 100 \times 50$ 的板上创建标准孔为例,具体操作步骤如下:

(1) 单击"创建孔特征"按钮 凵 。

(2) 选择孔的"放置参照",如图 5 – 15 所示。

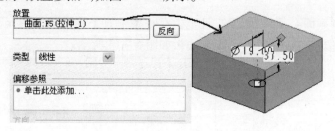

图 5 – 15　选取"放置参照"

(3) 选择孔的定位类型(线性、径向、直接等),这里以选择"线性"为例。

(4) 激活"偏移参照",然后选择相应参照,按图 5 – 16 所示修改偏移值。

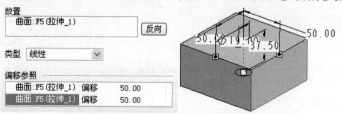

图 5 – 16　选取"偏移参照"

(5) 选取孔的类型,单击 按钮,并添加沉头,然后定义孔的形状尺寸,选择 ISO(公制)标准孔中 $M12 \times 1.5$ 的螺纹孔,最后在操控面板上"形状"中修改沉头为"18"、"8",螺纹尺寸为"20"、"30",如图 5 – 17 所示。

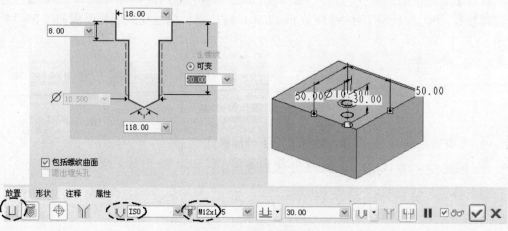

图 5 – 17　定义标准孔

（6）单击操控面板中的"✔"按钮,结束标准轮廓孔的创建,如图 5 – 18 所示。

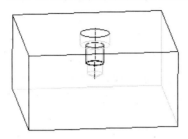

图 5 – 18　完成结果

5.2　壳 特 征

壳特征是一种应用非常广泛的工程特征,如各类生活用品中的容器、各种具有薄壁结构的零件。壳特征可将实体内部掏空,形成特定壁厚的壳。如图 5 – 19 和图 5 – 20 所示,它可用于指定要从壳移除的一个或多个曲面。

图 5 – 19　水杯抽壳前　　　　　图 5 – 20　水杯抽壳后

选择菜单中的【插入】→【壳】命令,或者直接单击"壳特征"按钮 ▣,弹出的壳特征操控面板如图 5 – 21 所示。

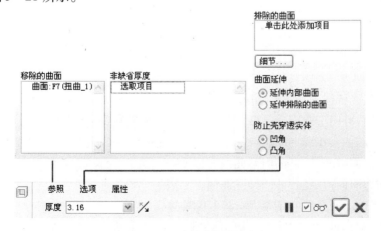

图 5 – 21　壳特征操控面板

厚度:可用来定义壳厚度值。

/:反向"壳"特征的方向。

1. 参照

包含壳特征中所使用的参照,具有下列各项:

移除的曲面:可用来选取要移除的曲面,如图 5 - 22 所示,需移除多个曲面时,按住 Ctrl 键选取。

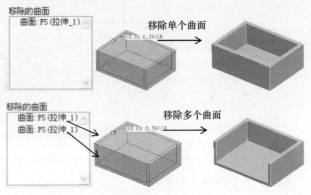

图 5 - 22   移除曲面

非缺省厚度:可用于选取定义不同厚度的曲面,并为所选取的曲面指定单独的厚度值,如图 5 - 23 所示。

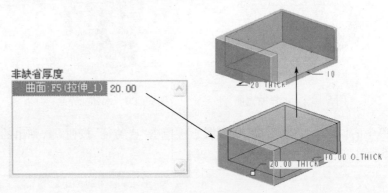

图 5 - 23   非缺省厚度

2. 选项

包含用于从壳特征中排除曲面的选项。

排除的曲面:可用于选取一个或多个要从壳中排除的曲面,如图 5 - 24 所示。选取多个排除曲面时,按住 Ctrl 键选取。

延伸内部曲面:在壳特征的内部曲面上形成一个盖。

延伸排除的曲面:在壳特征的排除曲面上形成一个盖。

注意:以下防止壳穿透实体是 Pro/E 4.0 新功能。

凹角(Concave corners):防止壳在凹角处切割实体,如图 5 - 25(a)所示。

凸角(Convex corners):防止壳在凸角处切割实体,如图 5 - 25(b)所示。

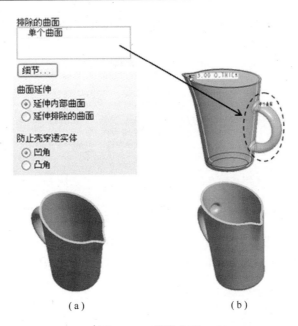

图 5 - 24 排除曲面

(a)未排除手柄曲面前抽壳；(b)排除手柄曲面后抽壳。

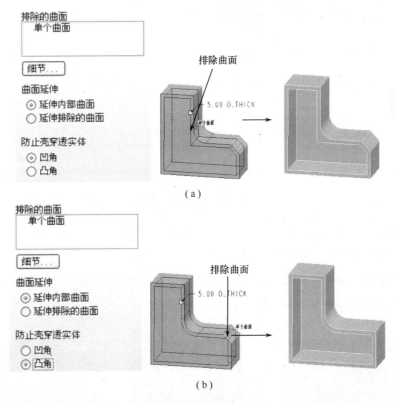

图 5 - 25 防止壳穿透实体

(a)防止壳在凹角处穿透；(b)防止壳在凸角处穿透。

下面以如图 5-26 所示的立方体为例,介绍创建抽壳的操作步骤。

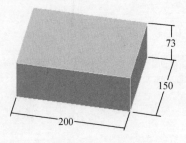

图 5-26 抽壳

（1）首先创建如图 5-26 中 200×150×73 的立方体。

（2）选择菜单中的【插入】→【壳】命令,或者单击▢按钮。

（3）选取模型中要移除的曲面,并输入抽壳的厚度值为 10,如图 5-27 所示。

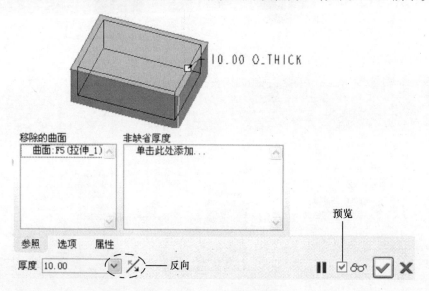

图 5-27 选取移除曲面

单击 ⚡ 按钮,观察抽壳的方向,此处共有两个方向:向内、向外,系统默认抽壳方向向内,本例抽壳方向向内,如图 5-28 所示。

单击"预览"按钮 👓,查看模型抽壳后结果,如图 5-29 所示,然后再单击"继续操作"按钮 ▶ 激活操控面板,继续定义壳。

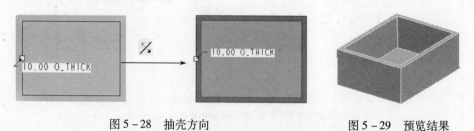

图 5-28 抽壳方向   图 5-29 预览结果

在操控面板中的"参照"上滑板中的"移除的曲面"中继续添加曲面,按住 Ctrl 键选取模型侧面,如图 5 – 30 所示。

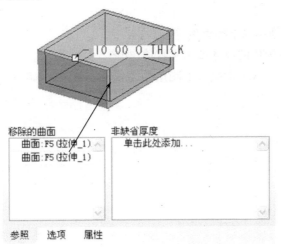

图 5 – 30　添加移除的曲面

（4）添加"非缺省厚度"曲面,首先激活"非缺省厚度"栏,然后选取需变更厚度的曲面,并输入新的厚度值,如图 5 – 31 所示。

（5）完成后单击操控面板中✔按钮,结果如图 5 – 32 所示。

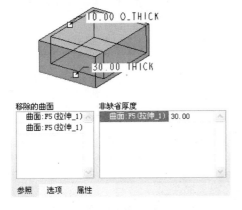

图 5 –31　添加非缺省厚度

图 5 –32　完成结果

5.3　倒圆角特征

在产品设计过程中经常会用到倒圆角特征,它不但可以美化产品外形,还可以增强产品的力学性能,避免应力集中的现象。倒圆角其实是一种边处理特征,通过向一条或多条边、边链或在曲面之间添加半径形成。曲面可以是实体模型曲面或常规的 Pro/E 零厚度面组和曲面。在 Pro/E 中可以创建不同类型的圆角:简单倒圆角和高级倒圆角。

选择菜单中的【插入】→【倒圆角】命令,或者单击"壳特征"按钮 ，进行倒圆角操作。

5.3.1　倒圆角类型及其参照类型

1. 倒圆角类型

使用 Pro/E,可创建以下类型的倒圆角:

(1) 恒定圆角:圆角的尺寸值为常数值,如图 5-33 所示。

(2) 可变圆角:在一条参照边上圆角的尺寸值是变化的,如图 5-34 所示。

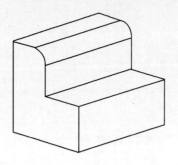
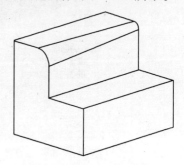

图 5-33　恒定圆角　　　　　　　图 5-34　可变圆角

(3) 由曲线驱动的倒圆角:通过曲线控制圆角的大小值,如图 5-35 所示。

(4) 完全倒圆角:完全倒圆角会替换选定的曲面,如图 5-36 所示。

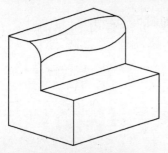
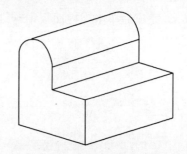

图 5-35　由曲线驱动的倒圆角　　　　　图 5-36　完全倒圆角

2. 倒圆角参照类型

可创建的倒圆角类型取决于所选取的放置参照类型。

(1) 边或边链:通过选取一条或多条边或者使用一个边链(相切边组成链)来放置倒圆角,需选取多条边时可按住 Ctrl 键逐个选取,边参照如图 5-37 所示,边链参照如图 5-38所示。

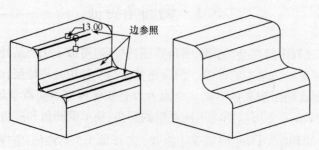

图 5-37　边参照

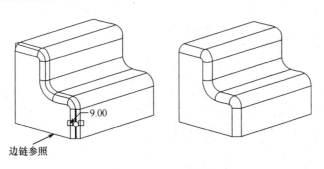

图 5 - 38　边链参照

（2）曲面到边：通过先选取曲面，然后选取边来放置倒圆角。该倒圆角与曲面保持相切。穿过边参照，如图 5 - 39 所示。

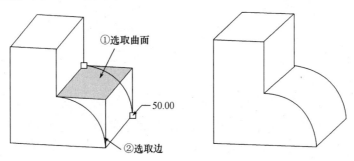

图 5 - 39　曲面到边倒圆角

（3）两个曲面：通过选取两个曲面来放置倒圆角，且与参照曲面保持相切。如图 5 - 40 所示。

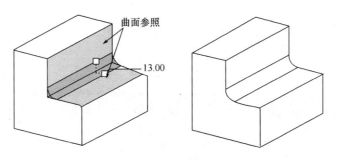

图 5 - 40　两个曲面倒圆角

5.3.2　恒定圆角创建

创建如图 5 - 41 所示的恒定圆角特征，具体步骤如下：

（1）首先创建如图 5 - 42 所示的模型。

（2）单击"倒圆角"按钮 ，然后选取参照边，选择多条时，需要按住 Ctrl 键选取，如图 5 - 43 所示。

（3）定义圆角的大小，在操控面板的半径文本框输入 12，然后按回车键。

（4）单击操控面板上的"✔"按钮，完成恒定圆角的创建，结果如图 5 - 41 所示。

129

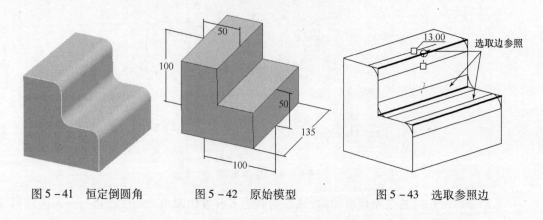

图 5-41 恒定倒圆角   图 5-42 原始模型   图 5-43 选取参照边

5.3.3 可变圆角创建

创建如图 5-44 所示的可变圆角特征,具体步骤如下:

(1)使用 5.3.2 节练习的模型作为本小节的练习文件(图 5-42),打开模型。

(2)单击 按钮,然后选取参照边,如图 5-45 所示。

(3)添加半径:单击操控面板中的"设置"按钮,将鼠标光标移至其上滑面板"半径"栏中,单击鼠标右键,在右键菜单中选择"添加半径",如图 5-46 所示。

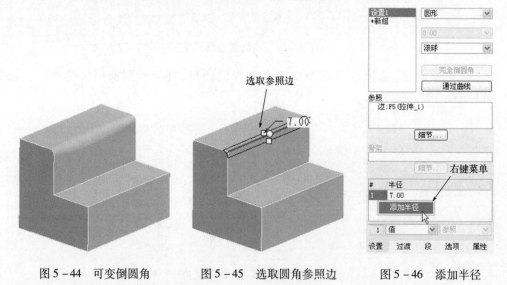

图 5-44 可变倒圆角   图 5-45 选取圆角参照边   图 5-46 添加半径

(4)以同样的方式继续添加半径,最终上滑面板"半径"中共有三个半径,然后修改半径的尺寸值,其中"位置"一栏中的"0.5"代表该点的位置在所选边的中点位置,如图 5-47所示。

(5)单击操控面板上的" ✔ "按钮,完成恒定圆角的创建,结果如图 5-44 所示。

5.3.4 由曲线驱动的圆角

创建如图 5-48 所示的由曲线驱动的倒圆角特征,具体步骤如下:

(1)使用 5.3.2 小节练习的模型作为本小节的练习文件(图 5-42),打开模型。

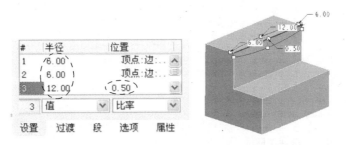

图 5 - 47　修改可变半径值

（2）绘制驱动曲线，单击"草绘曲线"按钮，选择模型上的曲面为草绘平面，然后单击"草绘"按钮进入草绘模式，如图 5 - 49 所示。

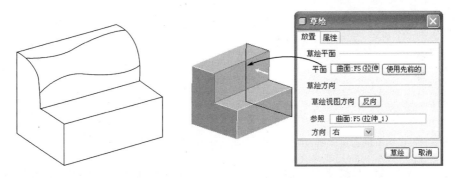

图 5 - 48　曲线驱动倒圆角　　　　　　　图 5 - 49　选取草绘平面

（3）选取参照，选择菜单中的【草绘】→【参照】命令，然后选择模型上的边作为参照，如图 5 - 50 所示，选取完毕后单击"参照"对话框中的"关闭"按钮。

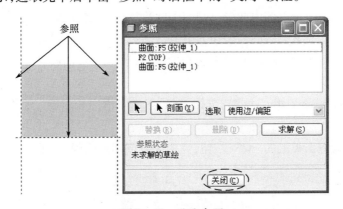

图 5 - 50　选取参照

（4）绘制草绘，单击"样条曲线绘制"按钮，在模型上单击 4 个点，通过 4 个点连接一条曲线，绘制时注意捕捉左右侧面参照，完成后单击"✔"按钮，绘制结果如图 5 - 51 所示。

（5）倒圆角，单击 按钮，然后选取参照边，如图 5 - 52 所示。

（6）单击操控面板中"设置"按钮，然后单击上滑面板中的"通过曲线"按钮，选取前面绘制的草绘曲线，如图 5 - 53 所示。

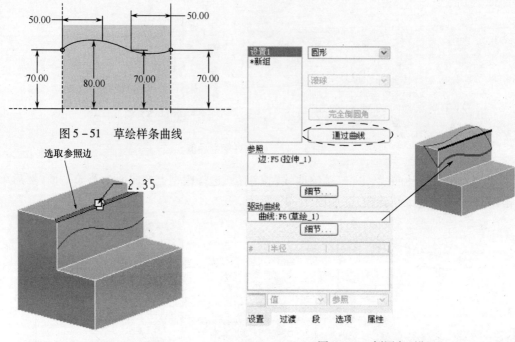

图 5-51　草绘样条曲线

图 5-52　选取倒圆角参照边

图 5-53　倒圆角"设置"

（7）单击操控面板上的"✔"按钮，完成由曲线驱动圆角的创建，结果如图 5-48 所示。

5.3.5　完全倒圆角

创建如图 5-54 所示的由曲线驱动的倒圆角特征，具体步骤如下：

（1）使用 5.3.2 节练习的模型作为本节的练习文件（图 5-42），打开模型。

（2）倒圆角，单击 按钮，然后选取参照边，按住 Ctrl 键选取另一侧曲线，如图5-55 所示。

（3）单击操控面板中的"设置"按钮，然后单击上滑面板中的"完全倒圆角"按钮，如图 5-56 所示。

（4）单击操控面板上的"✔"按钮，完成完全倒圆角的创建。

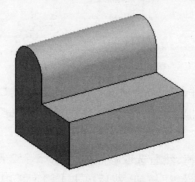

图 5-54　完全倒圆角

图 5-55　选取参照边

图 5-56　倒圆角"设置"

5.4　自动倒圆角特征

使用"自动倒圆角"功能可自动选取实体几何或零件或组件的面组中的凸边和凹边倒圆角。这是 Pro/E 4.0 的新功能,"自动倒圆角"特征最多只能有两个半径尺寸,凸边与凹边各有一个。

操作自动倒圆角时,选择菜单中的【插入】→【自动倒圆角】命令,弹出如图 5-57 所示的操控面板。

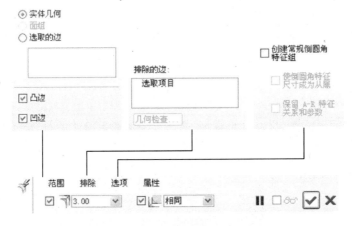

图 5-57　"自动倒圆角"操控面板

"自动倒圆角"操控板包括:

:可以指定凸边的半径。

:可以指定凹边的半径。

"自动倒圆角"(Auto Round) 操控板包括下列上滑面板:

1. 范围

实体几何:可在模型的实体几何上创建自动倒圆角特征。

面组:可在模型的面组上创建自动倒圆角特征。

选取的边:可在选取的边或目的链上创建自动倒圆角特征。

凸边:可在选取模型中的凸边上创建自动倒圆角特征。

凹边:可在选取模型中的凹边上创建自动倒圆角特征。

2. 排除

排除的边:通过该选项选取排除的边,可排除不需要倒圆角的边。

几何检查:可将无法创建倒圆角特征的边显示在"故障排除器"中。

3. 选项

创建常规倒圆角特征组:为所创建的自动倒圆角特征创建一个组。

使倒圆角特征尺寸成为从属:通过该选项,可以使组中所有的倒圆角特征保持关联,修改其中一个圆角值将会更新该组中所有其他倒圆角特征的尺寸。

保留 A-R 特征关系和参数:保存自动倒圆角特征级别属性。

注意:只有当自动倒圆角特征中包含任何特征级别关系或参数时才会显示此选项。

创建如图 5-58 所示自动倒圆角特征,具体操作如下:

(1) 绘制如图 5-59 所示的原始模型。

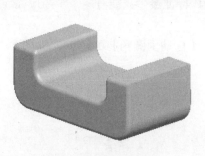

图 5-58 自动倒圆角

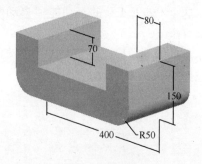

图 5-59 原始模型

(2) 选择菜单中的【插入】→【自动倒圆角】命令,此时弹出自动倒圆角操控面板,勾选操控面板上的"凸边"及"凹边",并输入"凸边"半径值为 10,"凹边"半径值为 30,如图 5-60 所示。

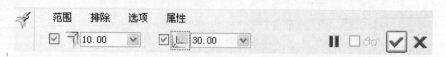

图 5-60 "自动倒圆角"操控面板

(3) 排除不倒圆角的边,单击操控面板中的"排除"按钮,选取模型上的边,如图 5-61 所示。

(4) 完成操作,单击操控面板上的"✔"按钮,结果如图 5-58 所示。

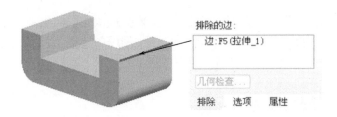

图 5 - 61　"排除"边

5.5　倒　角　特　征

对于模型中棱边的处理,通常需要倒角处理,与倒圆角的功能类似,在 Pro/E 中倒角分为边倒角和拐角倒角两类,如图 5 - 62 所示,操作时可以选择菜单中的【插入】→【倒角】→【边倒角】/【拐角倒角】命令。

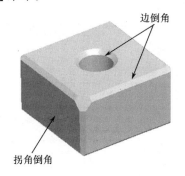

图 5 - 62　倒角的类型

5.5.1　边倒角

边倒角是对模型中的边进行斜角切除处理,操作时可以选择菜单中的【插入】→【倒角】→【边倒角】命令,倒角的操控面板如图 5 - 63 所示。

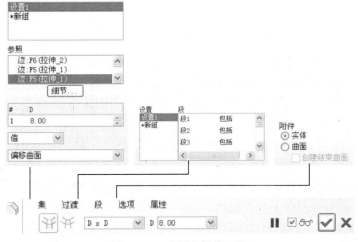

图 5 - 63　边倒角操控面板

:切换"集"模式,可用来处理倒角集。Pro/E 会默认选取此选项。

:切换到"过渡"模式,可用来定义倒角特征的所有过渡。

D x D ∨ :边倒角的类型。

D 8.00 ∨ :倒角尺寸。

1. 集

包含倒角特征的所有倒角集,可用来添加、移除或选取倒角集以进行修改。"参照"列表框中显示倒角的边。其中确定倒角值得方式有两种:输入值和使用参照确定倒距离。

创建方式包含两种,当两相邻面都为平面时,两种方式没有区别。

偏移曲面:通过偏移参照边的相邻曲面来确定倒角距离。Pro/E 会默认选取此选项。

相切曲面:使用与参照边的相邻曲面相切的向量来确定倒角距离。

2. 段

用来收集当前倒角集的全部倒角段,可以添加或删除段。

3. 选项

主要用来确定倒角操作生成倒角的方式,包括实体方式和曲面方式。

边倒角的类型如图 5-64 所示。

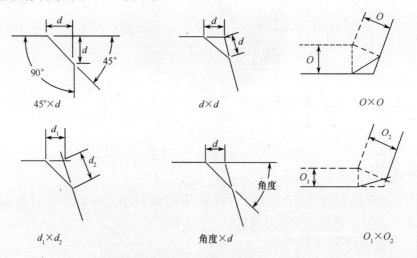

图 5-64 边倒角的类型

(1) $D \times D$:在倒角边距离曲面的距离 D 处创建倒角。Pro/E 会默认选取此选项。

(2) $D_1 \times D_2$:在一端倒角边距离曲面距离 D_1、另一端的距离 D_2 处创建倒角。

(3) 角度 $\times D$:创建一个倒角,它距相邻曲面的选定边距离为 D,与该曲面的夹角为指定角度。

(4) $45 \times D$:创建一个倒角,它与两个曲面都成 45°角,且与各曲面上的边的距离为 D。

注意:此方案仅适用于使用 90°曲面和"相切距离"创建方法的倒角。

(5) $O \times O$:在沿各曲面上的边偏移 O 处创建倒角。仅当 $D \times D$ 不适用时,Pro/E 才会默认选取此选项。

注意:仅当使用"偏移曲面"创建方法时,此方案才可用。

（6）$O_1 \times O_2$：在一个曲面距选定边的偏移距离 O_1、在另一个曲面距选定边的偏移距离 O_2 处创建倒角。

注意：仅当使用"偏移曲面"创建方法时，此方案才可用。

下面以创建边倒角为例，结果如图 5 - 65 所示，具体操作如下：

（1）创建如图 5 - 66 所示的原始模型

（2）创建 $D \times D$ 的边倒角，选择菜单中的【插入】→【倒角】→【边倒角】命令，或者单击"边倒角"工具按钮 。

（3）选取模型中模型的 4 条棱边及孔的边（选择多个时，按住 Ctrl 键选取），如图 5 - 67 所示。

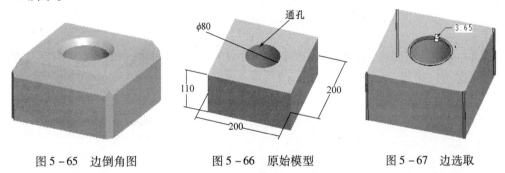

图 5 - 65　边倒角图　　　　图 5 - 66　原始模型　　　　图 5 - 67　边选取

（4）在操控面板上选择"边倒角"的方式为"$D \times D$"，并输入"D"的值为 10，如图 5 - 68 所示。此时不要退出"边倒角"操作，继续后面的操作。

（5）继续选取模型上的 4 条棱边，松开 Ctrl 键选择第 1 条边，然后再按住 Ctrl 键，选取其余 3 条棱边，如图 5 - 69 所示。

图 5 - 68　操控面板设置

图 5 - 69　选取边

（6）在操控面板上选择"边倒角"的方式为"D1 × D2"，并输入"D1"的值为 15，"D2"的值为 30，如图 5 - 68 所示。

（7）完成操作，单击操控面板中的"✔"按钮，结果如图 5 - 65 所示。

5.5.2　拐角倒角

拐角倒角可从零件的拐角处移除材料，产生斜面倒角。进行"拐角倒角"操作是，选择菜单中的【插入】→【倒角】→【拐角倒角】命令。

下面以创建拐角倒角为例，结果如图 5 - 71 所示，具体步骤如下：

（1）创建如图 5 - 72 所示的原始模型。

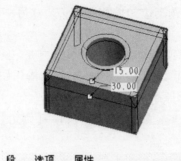

图 5-70　设置操控面板

（2）创建拐角倒角，选择菜单中的【插入】→【倒角】→【拐角倒角】命令，系统会弹出"倒角（拐角）:拐角"对话框，如图 5-73 所示。

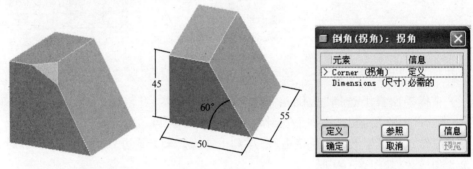

图 5-71　拐角倒角　　　　图 5-72　原始模型　　　　图 5-73　拐角倒角对话框

（3）选取模型上棱边，如图 5-74 所示，然后在弹出的"菜单管理器"（图 5-75）中选择"输入"，此时屏幕下方出现提示：⮞输入沿加亮边标注的长度 10，输入"10"，然后按回车键。

图 5-74　选取边　　　　　　图 5-75　菜单管理器

（4）系统会自动切换到其他边上，无需再选取边，直接选择"菜单管理器"中的"输入"，在出现的提示中输入"10"，并按回车键。

（5）同样系统会切换到第 3 边上，操作和（4）相同。

（6）完成操作，单击操控面板中的"✔"按钮，结果如图 5-71 所示。

5.6　筋　特　征

在进行产品结构设计时,为了增加结构的强度和使用的可靠性,常常需要在结构薄弱处设计加强筋,Pro/E 中所提供筋特征功能就是用来设计加强筋。

选择菜单中的【插入】→【筋】命令,或者单击"筋特征"工具按钮 ,进行筋特征创建。筋特征的操控面板如图 5-76 所示。

图 5-76　筋特征操控面板

⊏ 14.00 ⌄ :输入筋特征的厚度值。

⅄ :反向按钮,围绕草绘平面加厚筋特征:有对称或朝向草绘平面的一侧,如图 5-77所示。

参照:主要用来定义筋特征的草绘截面,其中"反向"按钮可用来切换筋特征草绘的材料方向,单击该按钮可改变方向箭头的指向。

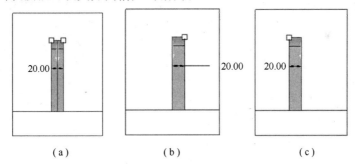

(a)　　　　　　　(b)　　　　　　　(c)

图 5-77　筋特征加厚方向
(a)对称;(b)侧1;(c)侧2。

绘制筋特征草绘时必须满足以下要求:

(1) 单一的开放环。

(2) 连续的非相交草绘图元。

(3) 草绘端点必须与形成封闭区域的连接曲面对齐。

筋特征的类型主要有两类:

直筋:筋的草绘截面连接到直曲面上,所创建出来的筋就属于直筋,如图 5-78(a)所示。

旋转筋:筋的草绘截面连接到旋转曲面上,所创建出来的筋就属于旋转筋,如图5-78(b)所示。

注意:要创建旋转筋必须在通过旋转曲面的旋转轴的平面上创建草绘截面。

图 5 - 78　筋的类型

(a)直筋；(b)旋转筋。

5.6.1　直筋的创建

创建如图 5 - 79 所示的直筋特征，具体操作如下：

（1）创建如图 5 - 80 所示的原始模型，建模要求：采用薄壁拉伸创建模型，本例中采用 FRONT 面作为草绘平面，拉伸深度方式采用"对称"。

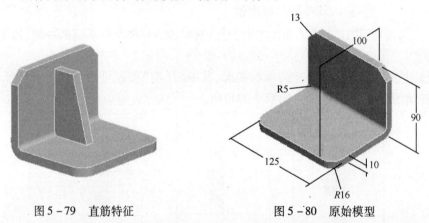

图 5 - 79　直筋特征　　　　　　　　　　图 5 - 80　原始模型

（2）单击 ▱ 按钮，在弹出的操控面板中单击"参照"按钮，在其上滑面板中单击"定义"按钮。

（3）在定义草绘平面时，选择如图 5 - 81 所示的草绘平面，然后绘制如图 5 - 82 所示的草绘截面。

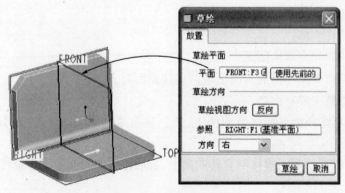

图 5 - 81　选取草绘平面

（4）草绘截面绘制完成后，系统会提示筋添加材料的方向，单击指示箭头可以改变方向，如图5-83所示。

（5）在操控面板中输入筋的厚度为10，在这里可以单击操控面板中的 按钮，查看厚度方向的改变，如图5-84所示，完成后单击"✔"按钮，结果如图5-79所示。

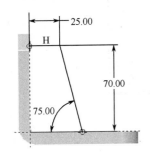

图5-82　草绘截面

图5-83　筋特征材料侧方向

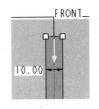

图5-84　设置厚度方向

5.6.2　旋转筋的创建

创建如图5-85所示的直筋特征，具体操作如下：

（1）绘制如图5-86所示的原始模型，注意模型的旋转轴与两个基准平面（FRONT和RIGHT）的交线重合。

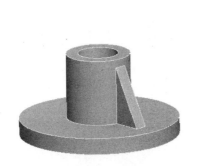

图5-85　旋转筋

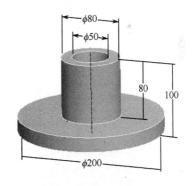

图5-86　原始模型

（2）单击 按钮，在弹出的操控面板中单击"参照"按钮，在其上滑面板中单击"定义"按钮。

（3）在定义草绘平面时，选择FRONT面为草绘平面，如图5-87所示，然后绘制如图5-88所示的草绘截面。绘制截面时，将草绘截面连接的曲面选取为参照，然后再绘制草绘线。

（4）草绘截面绘制完成后，系统会提示筋添加材料的方向，单击指示箭头可以改变方向，如图5-89所示。

（5）在操控面板中输入筋的厚度为10，完成后单击"✔"按钮，结果如图5-85所示。

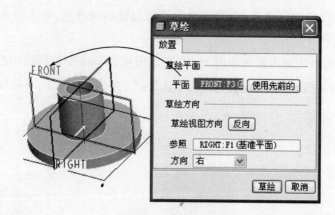

图 5-87　选取草绘平面

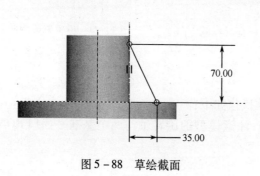

图 5-88　草绘截面

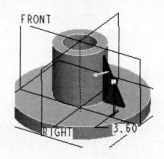

图 5-89　材料侧方向设置

5.7　拔模特征

在进行产品设计时,考虑到后期产品在模具中的成型脱模,常常需要在产品结构增加拔模特征,如图 5-90 所示。

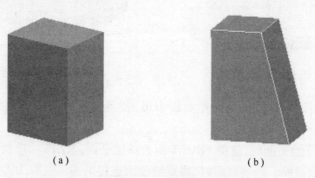

（a）　　　　　　　　　　　　　　（b）

图 5-90　拔模特征

（a）未添加拔模特征；（b）添加拔模特征。

在进行拔模特征操作时,使用以下专业术语:

拔模曲面:需进行拔模的模型的曲面。

拔模枢轴:供拔模曲面旋转的线或曲线参照(也称为中立曲线)。可通过选取平面

（在此情况下将拔模曲面与此平面的交线作为拔模枢轴）或选取拔模曲面上的单个曲线链来定义拔模枢轴。

拖动方向：也称拔模方向，用于定义拔模角度的方向。可通过选取平面、直边、基准轴或坐标系的轴来定义拖动方向。

拔模角度：拔模方向与生成的拔模曲面之间的角度。拔模角度必须在 - 30°～ + 30°范围内。

选择菜单中的【插入】→【拔模】命令，或者单击"拔模特征"工具按钮，可进行拔模特征创建。拔模特征的操控面板如图 5 - 91 所示。

图 5 - 91　拔模特征操控面板

1. 参照

用来收集拔模曲面、拔模枢轴和拖到方向的参照。

2. 分割

"分割"选项包括如图 5 - 92 所示的子选项。

不分割：不分割拔模曲面。整个曲面绕拔模枢轴旋转。

根据拔模枢轴分割：沿拔模枢轴分割拔模曲面。

根据分割对象分割：使用面组或草绘分割拔模曲面。

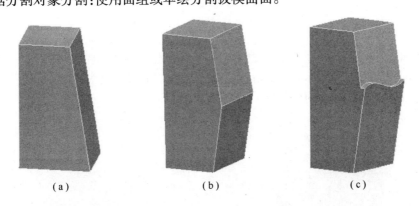

（a）　　　　　　　　（b）　　　　　　　　（c）

图 5 - 92　"分割"选项

（a）"不分割"；（b）根据拔模枢轴分割；（c）根据分割对象分割。

3. 角度

包含拔模角度（与操作面板中的角度值一致）及拔模的位置。可在角度列表中添加可变拔模角。

4. 选项

排除环:可用来选取要从拔模曲面排除的轮廓,如图5-93所示。

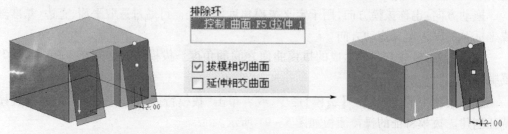

图5-93　排除环

拔模相切曲面:选中该项,系统会自动延伸拔模,以包含与所选拔模曲面相切的曲面。
延伸相交曲面:选中该项,系统将延伸相邻曲面与拔模面相交,如图5-94所示。

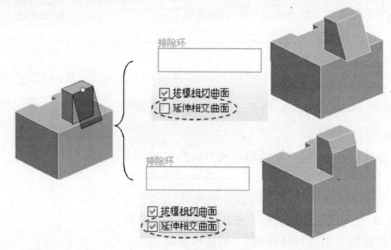

图5-94　延伸相交曲面

5.7.1　不分割拔模

创建如图5-95所示的不分割拔模特征,具体操作步骤如下:
(1)创建如图5-96所示的原始模型,创建时以FRONT面为草绘平面,采用对称拉伸的方式,创建长150、宽130、高180的长方体模型。

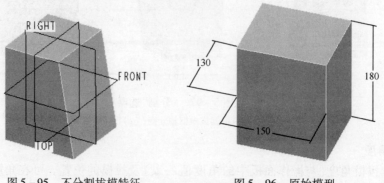

图5-95　不分割拔模特征　　　　　图5-96　原始模型

（2）单击"拔模"按钮 ⬝⬝⬝，然后选取拔模面，如图 5－97 所示。

（3）单击操控面板上的 ⬝⬝⬝ [●选取 1 个项目 ⬝⬝⬝⬝⬝⬝] 按钮，激活"拔模枢轴"项，然后选取 FRONT 面为拔模枢轴曲面，如图 5－98 所示，单击指示箭头可以改变方向，在这里需修改拔模方向。

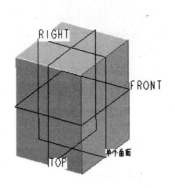

图 5－97　选取拔模曲面

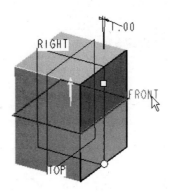

图 5－98　选取拔模枢轴曲面

注意：选取"拔模枢轴"为平面时，系统自动取该平面的法向方向作为"拔模方向"。

（4）修改拔模角为 10。

（5）完成特征创建，单击" ✔ "按钮，结果如图 5－95 所示。

5.7.2　根据拔模枢轴分割拔模

创建如图 5－99 所示的不分割拔模特征，具体操作步骤如下：

（1）创建如图 5－96 所示的原始模型，创建时以 FRONT 面为草绘平面，采用对称拉伸的方式，创建长 150、宽 130、高 180 的长方体模型。

（2）单击 ⬝⬝⬝ 按钮，然后选取拔模面，如图 5－100 所示。

（3）单击操控面板上的 ⬝⬝⬝ [●选取 1 个项目 ⬝⬝⬝⬝⬝⬝] 按钮，激活"拔模枢轴"项，然后选取 FRONT 面为拔模枢轴曲面。

图 5－99　根据拔模枢轴分割拔模特征

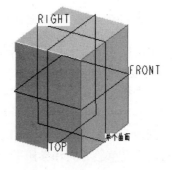

图 5－100　选取拔模面

（4）单击操控面板中"分割"按钮，然后在其上滑面板"分割选项"选择"根据拔模枢轴分割"，如图 5－101 所示。

（5）在操控面板中相应文本框内输入两侧的拔模角分别为 − 10 和 5，并按回车键确认，如图 5 − 102 所示。

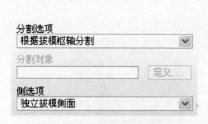

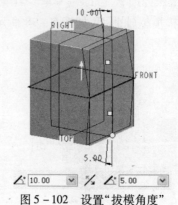

图 5 − 101　设置"分割选项"　　　　图 5 − 102　设置"拔模角度"

（6）完成特征创建，单击"✔"按钮，结果如图 5 − 99 所示。

5.7.3　根据分割对象分割拔模

创建如图 5 − 103 所示的不分割拔模特征，具体操作步骤如下：

（1）创建如图 5 − 96 所示的原始模型，创建时以 FRONT 面为草绘平面，采用对称拉伸的方式，创建长 150、宽 130、高 180 的长方体模型。

（2）单击 按钮，然后选取拔模面，如图 5 − 104 所示。

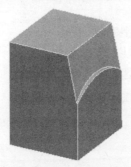

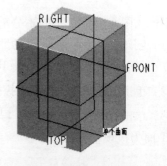

图 5 − 103　根据分割对象分割拔模特征　　　图 5 − 104　选取拔模面

（3）单击操控面板上的 按钮，激活"拔模枢轴"项，然后选取 FRONT 面为拔模枢轴曲面。

（4）单击操控面板中的"分割"按钮，然后在其上滑面板"分割选项"选择"根据分割对象分割"，在"分割对象"中单击"定义"按钮，进行草绘截面创建。

（5）创建草绘截面时，首先要求选取草绘平面，在模型上选取拔模面作为草绘平面，系统将自动定义草绘方向和参照平面，在"草绘"对话框中单击"草绘"按钮，进入草绘模式，如图 5 − 105 所示。

（6）绘制如图 5 − 106 所示的圆弧，作为分割拔模的分割对象。

（7）设置拔模角度，在操控面板中相应文本框中输入角度分别为 − 12 和 0，并按回车键确认，如图 5 − 107 所示。

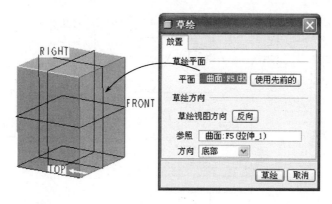

图 5 – 105 草绘设置

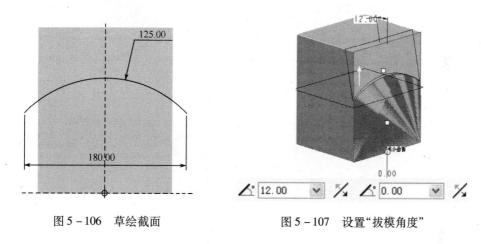

图 5 – 106 草绘截面   图 5 – 107 设置"拔模角度"

（8）完成特征创建，单击" ✔ "按钮，结果如图 5 – 103 所示。

5.8 工程特征综合范例

范例描述：根据图 5 – 108 的视图及尺寸，绘制其三维模型，创建流程如图 5 – 109 所示。通过本次练习学员将掌握以下知识点：

（1）拉伸特征的应用。

（2）基准轴特征的应用。

（3）孔特征的应用。

（4）倒圆角特征的应用。

（5）倒角特征的应用。

（6）筋特征的应用。

1. 创建新文件

创建零件文件，单击 🗋 按钮，输入名称为 ex06，取消"使用缺省模板"，最后单击"确定"按钮，如图 5 – 110 所示。

在出现的"新文件选项"窗口中，选择 mmns_part_solid 模板，然后单击"确定"按钮，如图 5 – 111 所示。

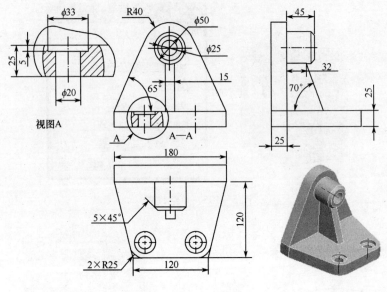

视图A

图 5 – 108 模型图

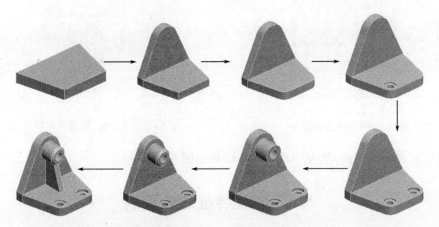

图 5 – 109 创建流程

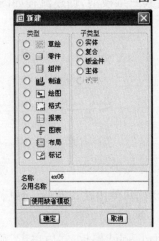

图 5 – 110 新建文件

图 5 – 111 新文件选项

2. 创建一个拉伸实体特征

单击 按钮,单击操控面板上的"放置"按钮,在上拉的"草绘"界面上单击"定义"按钮打开"草绘"对话框,在绘图区域先取基准平面 FRONT 作为草绘平面,"参照"使用系统默认的基准平面,然后单击"草绘"按钮进入草绘界面,如图 5 - 112 所示。

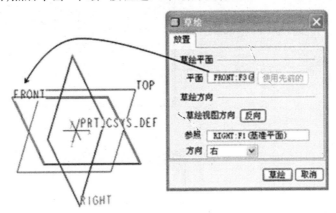

图 5 - 112　选取草绘平面

绘制如图 5 - 113 所示的草绘截面,绘制完成,单击 按钮,返回实体建模环境,在操控面板中设置拉伸高度为 25,最后再单击操控面板上的"✔"按钮,结果如图 5 - 114 所示。

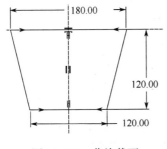

图 5 - 113　草绘截面

图 5 - 114　拉伸特征 1

3. 再创建一个拉伸实体特征

单击 按钮,单击操控面板上的"放置"按钮,在上拉的"草绘"界面上单击"定义"按钮打开"草绘"对话框,在模型上分别选择"草绘平面"和"参照",并调整"方向"为"顶",如图 5 - 115 所示。

进入草绘模式后,首先选取参照,单击【草绘】→【参照】按钮,然后选取模型上的边作为参照,如图 5 - 116 所示。

绘制如图 5 - 117 所示的草绘截面,完成绘制后,单击 按钮,返回实体建模环境,在操控面板中设置拉伸高度为 25,最后在操控面板上单击"✔"按钮,结果如图 5 - 118 所示。

4. 创建倒圆角特征

单击 按钮,然后选取模型上的边,选取第 2 条边时,按住 Ctrl 键选取,并在操作面

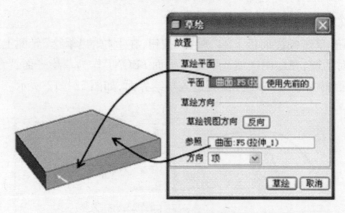

图 5 - 115　选取草绘平面

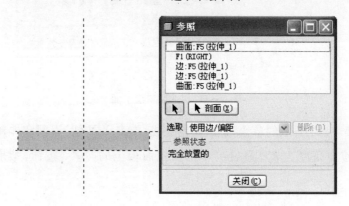

图 5 - 116　选取参照

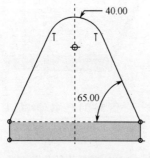

图 5 - 117　草绘截面

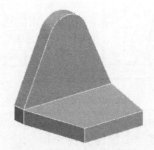

图 5 - 118　拉伸特征 2

板中设置圆角值为 25,如图 5 - 119 所示。

操作完成后,单击操作面板中的"✔"按钮,结果如图 5 - 120 所示。

5. 创建基准轴特征

结果如图 5 -121 所示。

单击 ╱ 按钮,然后选取模型上的圆角曲面,作为基准轴的参照面,如图 5 - 122 所示。以同样的方式,创建另一侧的"基准轴",在此不再详述,结果如图 5 -121 所示。

6. 创建孔特征

结果如图 5 -123 所示。

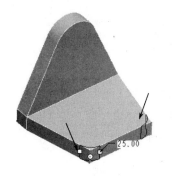

图 5 - 119 选取边参照

图 5 - 120 倒圆角特征

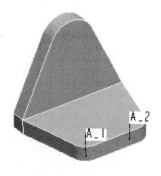

图 5 - 121 基准轴特征

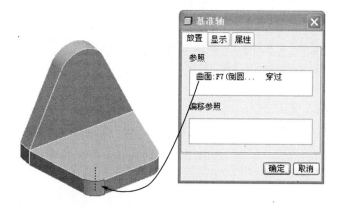

图 5 - 122 选取参照面

采用"同轴"的定位方式创建两个孔,单击 按钮,选取模型上的实体面作为孔的放置平面,按住 Ctrl 键,选取上一步创建的基准轴 A_1,系统将自动采用"同轴"的定位方式,如图 5 - 124 所示。

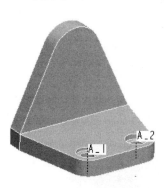

图 5 - 123 孔特征

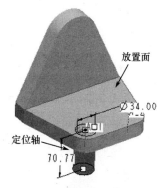

图 5 - 124 选取"放置"参照及"定位"参照

注意:如果采用 Pro/E 3.0 进行创建,则通过单击操控面板中的"放置"按钮,在其上滑面板中选择"同轴",然后再激活"次参照",并选取基准轴,如图 5 - 124 所示。

采用"草绘定义孔轮廓"的方式,创建孔轮廓,单击操控面板上的"草绘定义孔轮廓"按钮,然后再单击"创建剖面"按钮,进入草绘模式,绘制如图 5 - 125 所示的截面,绘制截面时注意绘制中心线。

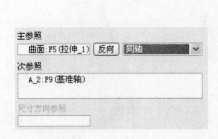

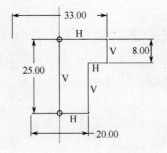

图 5 – 124　Pro/E 3.0 "放置"选项　　　　　　　图 5 – 125　草绘截面

注意:Pro/E 3.0 和 Pro/E 4.0 在进行"草绘定义孔轮廓"方式创建孔时,操作过程有所差异,在 Pro/E 3.0 中,直接单击操控面板中 ⬚ 按钮。

草绘截面创建完成后,单击操控面板上的"✔"按钮,结束"孔"特征创建。

以同样的方式创建另一侧的"孔"特征,在此不再详述,结果如图 5 – 123 所示。

7. 创建拉伸特征

结果如图 5 – 126 所示。

单击 ⬚ 按钮,单击操控面板上的"放置"按钮,在上滑的"草绘"界面上单击"定义"按钮打开"草绘"对话框(图 5 – 127),在模型上分别选择"草绘平面"和"参照",并调整"方向"为"顶"。

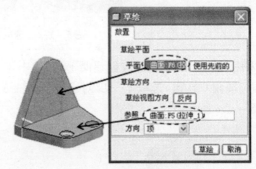

图 5 – 126　拉伸特征 3　　　　　　　图 5 – 127　"草绘"设置

绘制如图 5 – 128 所示的截面,绘制完成后,单击"⬚"按钮,返回实体建模环境,在操控面板中设置拉伸高度为 45,如图 5 – 129 所示,最后在操控面板上单击"✔"按钮,结果

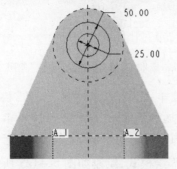

图 5 – 128　草绘截面　　　　　　　图 5 – 129　拉伸"预览"

如图 5 – 126 所示。

8. 创建"倒角"特征

结果如图 5 – 130 所示。

单击　按钮,然后选取模型上的边,双击模型中显示的的尺寸,将其修改为5,如图 5 – 131 所示。

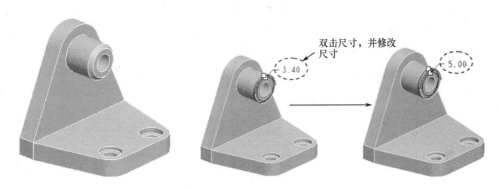

图 5 – 130　"倒角"特征　　　　图 5 – 131　创建倒角特征

修改尺寸完成后,单击操控面板上的"✔"按钮,结果如图 5 – 130 所示。

9. 创建"筋"特征

结果如图 5 – 132 所示。

单击"筋"按钮　,在弹出的操控面板上,单击"参照",在其上拉对话框中单击"定义"按钮,在弹出的"草绘"对话框后,选取 RIGHT 面为草绘平面,单击箭头标识可修改草绘方向,并选取底部的上表面为"参照"对象,如图 5 – 133 所示。

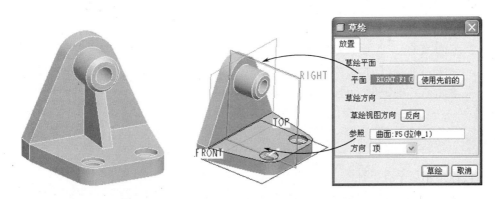

图 5 – 132　"筋"特征　　　　图 5 – 133　"草绘"设置

进入草绘模式,绘制如图 5 – 134 所示的草绘截面。

绘制完成后,单击　按钮,返回实体建模环境,在模型上单击箭头标识可调整箭头方向,如图 5 – 135 所示。

在操控面板中输入"筋"特征的厚度为 15,如图 5 – 136 所示。

最后,单击操控面板上的"✔"按钮,完成创建操作。

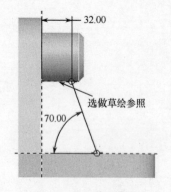

图 5 – 134　草绘截面

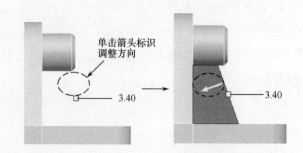

图 5 – 135　调整箭头方向

图 5 – 136　修该厚度值

5.9　思 考 练 习

5.9.1　填空题

1. 孔的放置方式有＿＿＿＿＿＿＿、＿＿＿＿＿＿＿、＿＿＿＿＿＿＿、＿＿＿＿＿＿＿。
2. 创建筋特征时,要求草绘截面必须＿＿＿＿＿＿＿＿＿＿＿＿＿＿＿＿＿＿。
3. 创建拔模特征时,拔模角度的范围是＿＿＿＿＿＿＿＿＿＿＿＿＿＿＿＿。
4. 创建拔模分割时,可以根据＿＿＿＿＿＿＿＿＿＿、＿＿＿＿＿＿＿＿＿＿进行分割。

5.9.2　选择题

1. 以下不属于孔特征的是(　　　)。
　　A. 标准孔　　　　　　　　　B. 直孔
　　C. 拉伸孔　　　　　　　　　D. 草绘孔
2. 下列图标中表示标准孔的是(　　　)。
　　A.　　　　　　　　　　　　B.
　　C.　　　　　　　　　　　　D.
3. 下列不属于孔特征的是(　　　)。
　　A. 倒圆角特征　　　　　　　　　　B. 拔模特征

C. 拉伸特征 D. 孔特征

4. 以下对抽壳特征描述正确的( )。

A. 可以对曲面进行抽壳

B. 抽壳的的壁厚必须相等

C. 抽壳时,可以移除多个表面

D. 抽壳的厚度不能大于 30

5.9.3 操作题

按照下列图示尺寸,绘制三维模型。

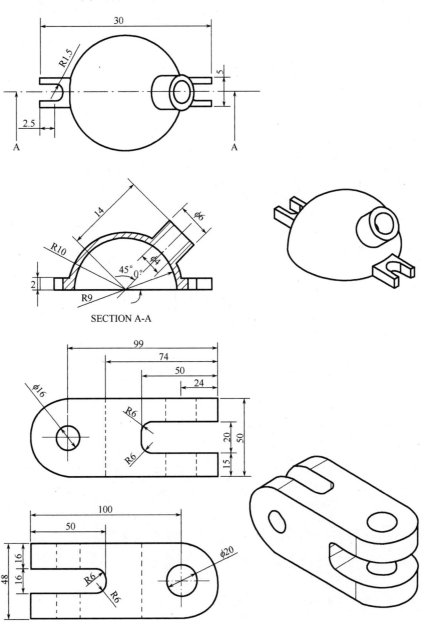

SECTION A-A

第6章 特征操作

学习要点：
（1）特征编辑。
（2）特征重定义。
（3）复制特征。
（4）特征阵列。

6.1 概　述

设计的过程中，经常需要进行大量的尺寸调整及结构调整等操作，最终创建出满足设计要求的设计结果。设计的过程中也会利用复制、粘贴、镜像、阵列等特征操作方式，快速创建具有一定规律的重复特征，如图6-1所示。

图6-1　基准特征

选择需要编辑的特征，在其右键菜单中，包含特征操作命令，进行特征复制时，可采用选择性粘贴进行操作，如图6-2所示。

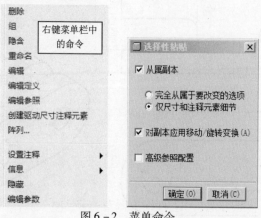

图6-2　菜单命令

6.2 复制移动特征

复制特征实在现有特征的基础上,通过复制特征,将特征粘贴到不同的位置的操作方式。

6.2.1 复制特征

与 Windows 的操作习惯类似,在 Pro/E 中,也可以对特征进行复制,然后再粘贴到合适的位置,进行复制操作时,首先需要选择特征(可以在图形区域直接选择特征,也可以在模型树中选择特征),然后单击"复制"按钮 (或使用组合键 Ctrl + C),进行复制,如图 6 - 3 所示。

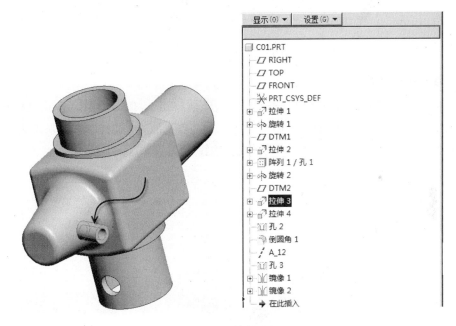

图 6 - 3 特征选择

6.2.2 选择性粘贴

复制特征可以通过复制现有一个特征或一组(多个)特征,创建与原始特征相关的特征副本,一般可以采用复制、选择性粘贴的方式进行操作。

选择性粘贴主要包括两种方式,即线性移动粘贴和旋转移动粘贴。

1. 线性移动粘贴

选择需要复制的特征,按下组合键 Ctrl + C,然后单击"选择性粘贴"按钮 ,选中"选择性粘贴"对话框中的"对副本应用移动/旋转变换",在弹出的操作面板中,选择"线性移动"按钮 ,然后选择参照方向(沿着直线或垂直与平面方向),最后确定移动距离,如图6 - 4 所示。

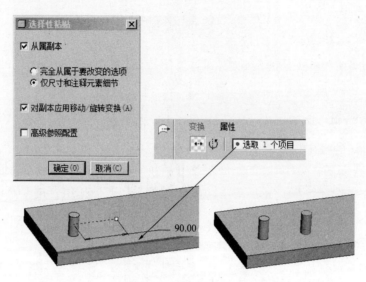

图 6-4　线性移动粘贴

2. 旋转移动粘贴

选择需要复制的特征,按下组合键 Ctrl + C,然后单击 按钮,勾选"选择性粘贴"对话框中的"对副本应用移动/旋转变换",在弹出的操作面板中,选择"旋转移动"按钮 ,然后选择参照方向(直线边或轴线),最后确定旋转角度,如图 6-5 所示。

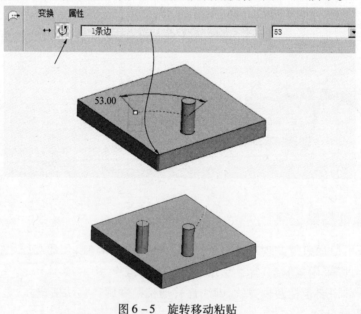

图 6-5　旋转移动粘贴

6.2.3　粘贴

一般如果需要重新定义复制的特征的创建过程,如改变特征的放置位置、定位参照等,可以通过粘贴进行操作,如图 6-6 所示。

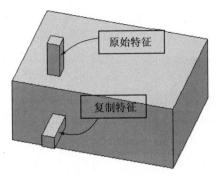

图6-6 粘贴特征

6.3 镜 像 特 征

镜像特征一般用来创建对称特征,如图6-7所示,操作步骤如下:

(1) 选择特征。

(2) 单击 按钮(或选择菜单中的【编辑】→【镜像】命令)。

(3) 选择对称平面(基准平面或模型表面)。

(4) 在其操作面板中设置"选项",通过"复制为从属项"进行镜像特征相关性设置。

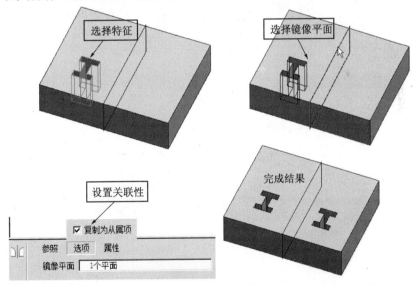

图6-7 镜像特征

提示:在"镜像"操作面板中,选中"选项"中的"复制为从属项"后,镜像特征与原始保持关联,反之,镜像特征与原始特征没有关联性。

6.4 阵 列 特 征

阵列特征引导特征按照一定的规律排列大量的生成相同或相似的几何特征的操作过程,具体的操作步骤是:首先选择特征,然后再选择阵列命令,进行阵列。

常用的阵列方式有尺寸阵列、方向阵列、轴阵列、填充阵列、曲线阵列、参照阵列、表阵列。

6.4.1 尺寸阵列

通过使用驱动尺寸并指定阵列的增量变化来创建阵列。尺寸阵列可以为单向或双向。对导引特征的尺寸标注和参考使用有一定的要求,如图 6-8 所示。

6.4.2 方向阵列

通过指定方向沿直线阵列的特殊阵列方式,方向阵列可以为单向或双向,如图 6-9 所示。

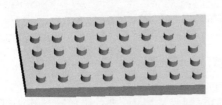
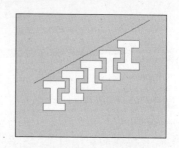

图 6-8　尺寸阵列　　　　　　　图 6-9　方向阵列

6.4.3 轴阵列

与方向阵列类似,轴阵列对导引特征的标注和参考基本不做要求,操作较方便,如图 6-10 所示。

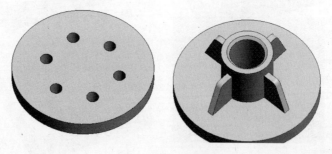

图 6-10　轴阵列

6.4.4 曲线阵列

曲线阵列可以沿着引导曲线进行阵列,应到曲线可在阵列的过程中创建,也可以在原始特征前面创建,如图 6-11 所示。

6.4.5 填充阵列

填充阵列是一个比较特殊的阵列方式,通过指定一个草绘的阵列区域,Pro/E 就会自动用驱动特征根据所给的间隔值以及形状来填满整个区域,如图 6-12 所示。

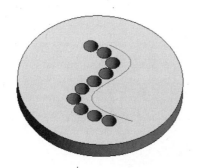

图 6 – 11　曲线阵列　　　　　　　图 6 – 12　填充阵列

6.4.6　参照阵列

通过参照另一个阵列来阵列,也就是阵列的驱动特征至少有一个父特征是某个阵列中的一员,这样特征的阵列就会根据父特征的阵列方式来自动阵列,如图 6 – 13 所示。

6.4.7　表阵列

当阵列的特征之间没有规律可循,也可以通过应用尺寸表来实现特征的阵列,其特征点是各个特征的尺寸变化可以无规律,特征的位置定位尺寸需要逐个输入,如图 6 – 14 所示。

图 6 – 13　参照阵列安装螺钉　　　　　图 6 – 14　表阵列

6.5　特征阵列范例

1. 尺寸阵列范例

起始文件:光盘\exercise\ch06\pattern01.prt

(1)打开起始文件,选择模型中孔特征“孔 1”,如图 6 – 15 所示,然后选择菜单中的【编辑】→【阵列】命令(或单击 按钮)。

(2)在阵列特征的操作面板中,选择阵列方式“尺寸”,如图 6 – 16 所示。

(3)选择驱动尺寸(定位尺寸)为 30,在弹出的输入框中输入增量尺寸值 50(表示阵列特征间距离),在操作面板中输入数量 5,然后按回车键,如图 6 – 17 所示。

(4)纵向阵列,单击操作面板中“方向 2”下方的“单击此处添加项目”,然后选择孔的纵向定位尺寸为 40,输入增量值 60,按住 Ctrl 键,选择孔的直径尺寸 $\phi16$,输入增量值 5(表示纵向方向阵列时,孔的直径递增 5),然后在第 2 方向中输入数量值 3,如图 6 – 18 所示。

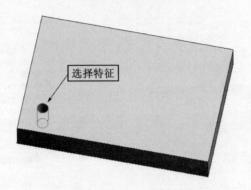

图 6 – 15　选择特征

图 6 – 16　选择"尺寸"阵列方式

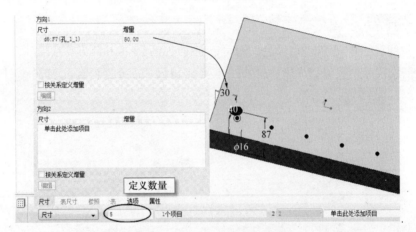

图 6 – 17　定义横向阵列参数

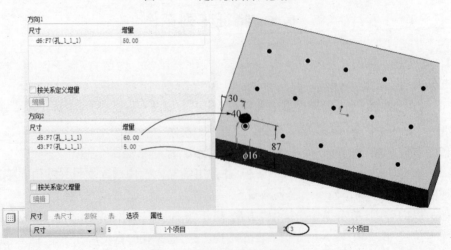

图 6 – 18　定义纵向阵列参数

（5）单击操作面板中的"✔"按钮,完成操作,结果如图 6-19 所示。

2. 方向阵列范例

起始文件:光盘\exercise\ch06\pattern02.prt

（1）打开起始文件,选择模型中孔特征"孔 1",如图 6-20 所示,然后选择菜单中的【编辑】→【阵列】命令(或单击▦按钮)。

图 6-19 尺寸阵列结果   图 6-20 选择特征

（2）在阵列特征的操作面板中,选择阵列方式为"方向",如图 6-21 所示。

图 6-21 选择"方向"阵列方式

（3）选择方向参照边,然后定义数量 5,最后输入增量值 45,如图 6-22 所示。

注意:方向可以参照模型直线边、草绘直边、基准平面、模型表平面等。

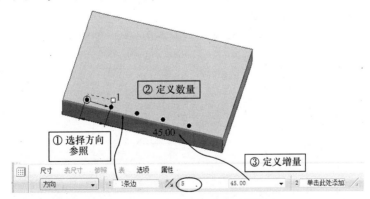

图 6-22 定义方向阵列参数

（4）纵向阵列,单击操作面板中"2"右侧的"单击此处添加项目",然后选择模型侧面为方向参照,单击 ⟋ 按钮,改变阵列方向,输入数量值 3,输入增量值 55,如图 6-23 所示。

（5）单击操作面板中的"✔"按钮,完成操作,结果如图 6-24 所示。

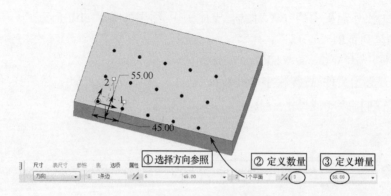

图 6 - 23　定义纵向阵列

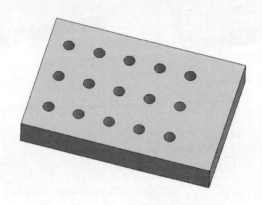

图 6 - 24　方向阵列结果

3. 轴阵列范例

起始文件:光盘\exercise\ch06\pattern03. prt

（1）打开起始文件,选择模型中孔特征"孔 1",如图 6 - 25 所示,然后选择菜单中的【编辑】→【阵列】命令(或单击 按钮)。

（2）在阵列特征的操作面板中,选择阵列方式为"轴",如图 6 - 26 所示。

图 6 - 25　选择特征　　　　　图 6 - 26　选择"轴"阵列方式

（3）选择轴线"A_2"参照,然后定义数量 6,最后输入角度增量值 60,如图 6 - 27 所示。

注意:轴线参照可以是基准轴、模型直线边、草绘直线边等。

（4）径向阵列,单击操作面板中"2"右侧输入框,输入数量值 3 后按回车键,然后输入径向阵列增量值为 50 并按回车键,如图 6 - 28 所示。

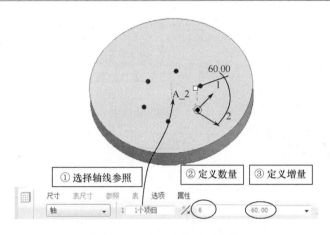

① 选择轴线参照　　② 定义数量　　③ 定义增量

图 6 - 27　定义方向阵列参数

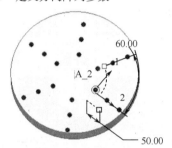

图 6 - 28　定义纵向阵列

（5）单击操作面板中的"✔"按钮，完成操作，结果如图 6 - 29 所示。

操作面板功能说明：

轴阵列操作面板中的 按钮，表示在角度范围内的均布阵列，如图 6 - 30 所示。

图 6 - 29　轴阵列结果

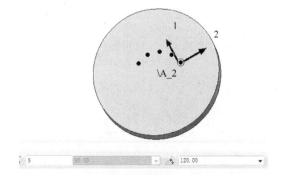

图 6 - 30　角度范围内均布阵列

4. 填充阵列范例

起始文件：光盘\exercise\ch06\pattern04. prt

（1）打开起始文件，选择模型中特征"拉伸 2"，如图 6 - 31 所示，然后选择菜单中的【编辑】→【阵列】命令（或单击 按钮）。

（2）在阵列特征的操作面板中,选择阵列方式为"填充",如图6-32所示。

图6-31　选择特征　　　　　　　　　图6-32　选择"填充"阵列方式

（3）选择区域草绘参照"FILLCURVE",然后选择填充方式为"菱形",定义特征间距值为3,离区域草绘的距离为2,如图6-33所示。

注意:区域草绘需要在阵列特征前面创建,或在填充阵列时,通过单击操作面板中"参照"→"定义"按钮进行创建。

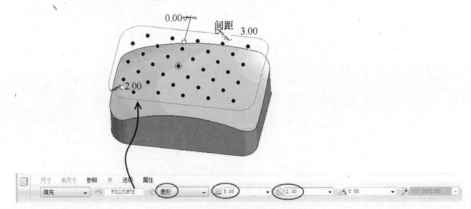

图6-33　定义方向阵列参数

（4）单击操作面板中的"✔"按钮,完成操作,结果如图6-34所示。

（5）编辑定义阵列特征,在模型树中选择特征"阵列1/拉伸2",按住鼠标右键,从右键菜单中选择"编辑定义",重新定义阵列特征,如图6-35所示。

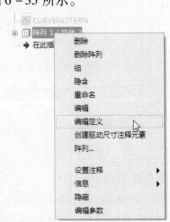

图6-34　阵列结果　　　　　　　　　图6-35　轴阵列结果

（6）定义选项，从弹出的操作面板中，选择"选项"，在其上滑面板中选中"跟随曲面形状"，然后选择模型上表面，如图6-36所示。

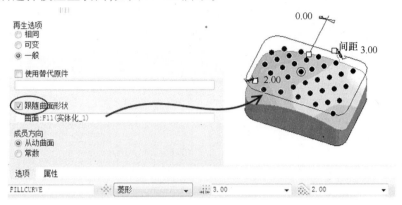

图6-36 定义选项

（7）完成阵列，单击操作面板中的"✔"按钮，完成操作，结果如图6-37所示。

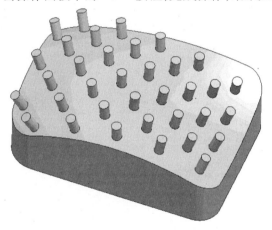

图6-37 阵列结果

操作面板功能说明：

⊹：设置阵列成员中心间的间距。

▨：设置阵列成员中心和草绘边界之间的最小距离。负值允许中心位于草绘之外。

⟋：设置栅格绕原点的旋转。

↗：设置圆形或螺旋栅格的径向间距。

5. 曲线阵列范例

起始文件：光盘\exercise\ch06\pattern05.prt

（1）打开起始文件，选择模型中孔特征"孔1"，如图6-38所示，然后选择菜单中的【编辑】→【阵列】命令（或单击▦按钮）。

（2）在阵列特征的操作面板中，选择阵列方式为"曲线"，如图6-39所示。

（3）选择草绘曲线"草绘1"参照，单击"曲线上均布"按钮⚙，然后定义数量为10，如图6-40所示。

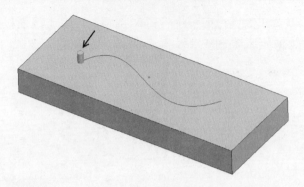

图 6 – 38　选择特征

图 6 – 39　选择"曲线"阵列方式

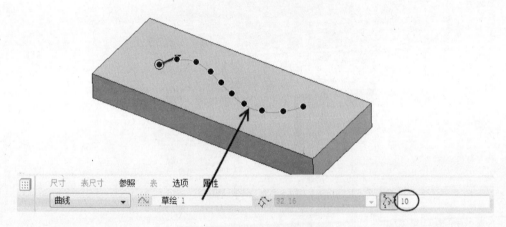

图 6 – 40　定义方向阵列参数

（4）单击操作面板中的"✔"按钮，完成操作，结果如图 6 – 41 所示。

操作面板功能说明：

：定义阵列特征实例间距。

：定义沿曲线阵列的数量。

6. 参照阵列范例

起始文件：光盘\exercise\ch06\pattern06. prt

（1）打开起始文件，模型中圆柱特征已采用曲线阵列方式进行阵列。

（2）创建圆角特征，选择圆柱（阵列圆柱特征中第 1 个特征）的边，按住鼠标右键，在右键菜单中选择"倒圆角"，定义圆角值为"3"，如图 6 – 42 所示。

（3）选择模型中创建的圆角特征，然后选择菜单中的【编辑】→【阵列】命令（或单击

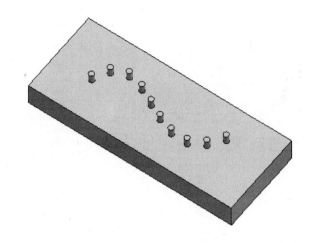

图 6-41 曲线阵列结果

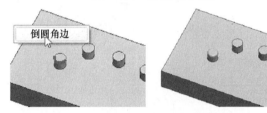

图 6-42 创建圆角特征

 按钮),系统默认采用"参照"阵列进行阵列,如图 6-43 所示。

(4)单击操作面板中的"✔"按钮,完成操作,结果如图 6-44 所示。

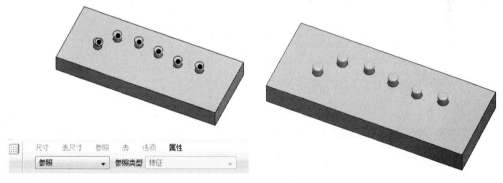

图 6-43 "参照"阵列方式　　　　　　　　图 6-44 参照阵列结果

7. 表阵列范例

起始文件:光盘\exercise\ch06\pattern07. prt

(1)打开起始文件,选择模型中特征"拉伸 2",然后按住鼠标右键,在右键菜单中选择"阵列"命令,如图 6-45 所示。

(2)在阵列特征的操作面板中,选择阵列方式为"表",然后依次选择尺寸为 13、15、5,如图 6-46 所示。

(3)单击操作面板中的"编辑"按钮,在弹出的对话框中输入阵列实例的序号、阵列实例的定位尺寸、形状尺寸等,如图 6-47 所示。

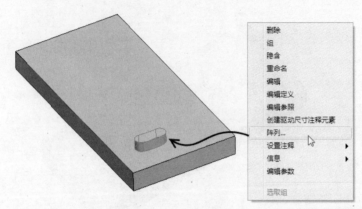

图 6 – 45　选择特征

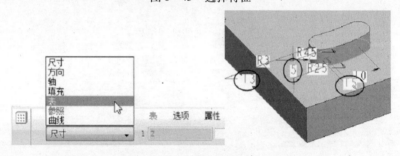

图 6 – 46　选择"表"阵列方式

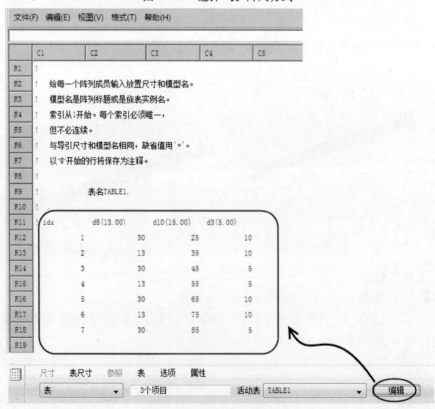

图 6 – 47　输入阵列实例值

（4）输入值完成后，单击对话框菜单中的【文件】→【退出】命令，最后单击操作面板中的"✔"按钮，完成操作，结果如图6－48所示。

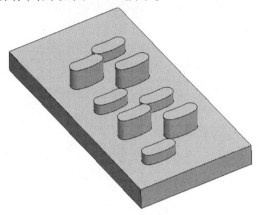

图6－48 阵列结果

6.6 组

在 Pro/E 进行设计过程中，使用组可以将多个特征集合在一个组当中，类似于一个块，可对组进行阵列、复制、镜像等操作，提高设计效率。

6.6.1 组的创建

在 Pro/E 中，组的创建过程就是将多个有一定关联关系的特征集合到一起，一般都是相互临近的几个特征，集合中的特征包括基准特征、建模特征、工程特征、草绘特征等。

组的创建过程比较简单，在模型树中选择特征，需要选择多个特征时，按住 Ctrl 键，选取多个特征，然后按住鼠标右键，从右键菜单中选择"组"命令，则可将多个特征集合在一个组中，如图6－49所示。

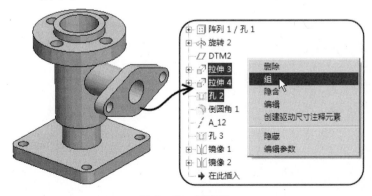

图6－49 创建组

6.6.2 组的分解

如果需要分解组，首先在模型树中选择组，按住鼠标右键，在右键菜单中选择"分解组"命令，将组里面特征分解出来，如图6－50所示。

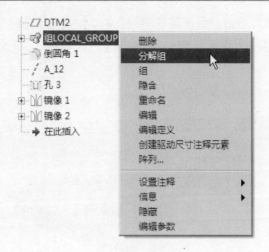

图 6 - 50   分解组

6.7   特征编辑和编辑定义

特征创建后,需要对特征尺寸进行编辑修改时,可以通过特征编辑功能来实现,下面对其进行具体介绍。

6.7.1   特征编辑

在 Pro/E 中,零件是由不同的特征构成,进行零件的设计变更,可通过改变特征尺寸值上实现,修改尺寸值的方法如下:

(1)在图形区域选择特征,按住鼠标右键,在出现的菜单中选择"编辑"命令。

(2)系统会显示该特征的所有尺寸,双击需要修改的尺寸,输入新值,按回车键。

(3)最后,选择菜单中的【编辑】→【再生】命令,或者使用快捷键 Ctrl + G,实现模型更新。

注意:(1)显示特征的尺寸可以通过以下 3 种方式:

① 在图形区域选择特征,按住鼠标右键,在出现的菜单中选择"编辑"命令。

② 在模型树中选择特征,按住鼠标右键,在出现的菜单中选择"编辑"命令。

③ 在图形区域,直接双击特征。

(2)当特征值修改完毕后,一定要进行特征再生(Ctrl + G)操作,才能更新三维设计形状。

(3)显示中出现的尺寸都是创建特征时定义的一些特征尺寸。

6.7.2   编辑定义

编辑定义其实是重新定义特征创建的过程,包括定义特征的草绘形状、定义特征参照、定义草绘平面,编辑定义的操作如下:

(1)在模型树(或图形区域)中,选择的特征。

(2)按住鼠标右键,在右键菜单中选择【编辑定义】命令,如图 6 - 51 所示。

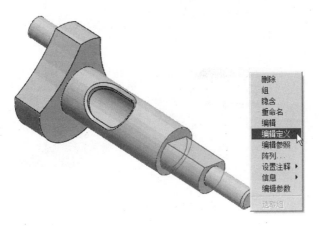

图 6 - 51　编辑定义

6.8　特征编辑及编辑定义范例

起始文件:光盘\exercise\ch06\edit.prt

(1) 打开模型,分别单击基准平面、基准轴、基准点、基准坐标系显示控制开关按钮 ,不显示所有基准,在绘图区域选择圆柱拉伸特征,如图 6 - 52 所示。

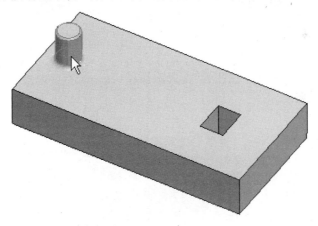

图 6 - 52　选择特征

(2) 按住鼠标右键,在出现的菜单中选择【编辑】命令,出现圆柱体拉伸特征尺寸,如图 6 - 53 所示。

(3) 在出现的尺寸中双击尺寸圆柱直径尺寸值"30",在出现的输入框中输入 50,完成后按回车键,继续双击定位尺寸"120",修改尺寸值为 0,完成后按回车键。

(4) 再生特征,选择菜单中的【编辑】→【再生】命令(或按组合键 Ctrl + G),查看更新结果,如图 6 - 54 所示。

(5) 选择模型中特征"拉伸 3",按住鼠标右键,在右键菜单中选择"编辑定义"命令,如图 6 - 55 所示。

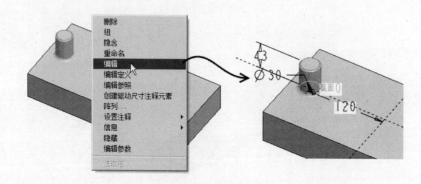

图 6-53　编辑特征

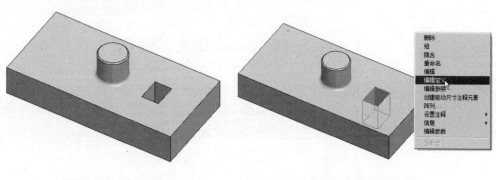

图 6-54　再生形状　　　　　　　　　　图 6-55　选择特征

（6）在操作面板中单击 ◢ 按钮,切换成添加材料模式,然后单击 ╱ 按钮改变拉伸方向,结果如图 6-56 所示。

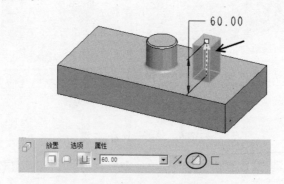

图 6-56　切换到添加材料模式

（7）重定义草绘,在操作面板中单击"放置"按钮,在其上滑面板中,单击"编辑"按钮,如图 6-57 所示。

（8）在草绘中,添加倒圆角草绘,修改尺寸为6,如图 6-58 所示。

（9）单击"✔"按钮,退出草绘,再单击"✔"按钮退出拉伸特征,结果如图 6-59所示。

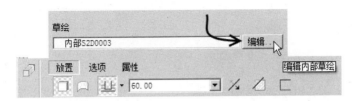

图 6 - 57　编辑草绘

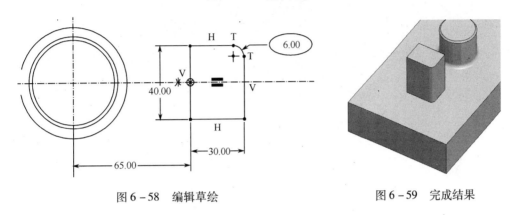

图 6 - 58　编辑草绘　　　　　　　　　　图 6 - 59　完成结果

6.9　思 考 练 习

6.9.1　填空题

1. 阵列的类型有_____、_____、_____、_____等。

2. 选择性粘贴可以实现_____、_____复制移动。

3. 填充阵列时,可以通过_____定义填充区域。

4. 需要对多个特征进行阵列时,可以先将多个特征_____。

6.9.2　选择题

1. 对于方向描述错误的是(　　　)。

　　A. 可以进行两个方向的阵列　　　　B. 阵列时,不能改变阵列特征的形状大小

　　C. 可以通过直线定义阵列方向　　　D. 可以通过平面定义阵列方向

2. 以下方式不能修改特征尺寸的是(　　　)。

　　A. 编辑　　　　　　　　　　　　　B. 编辑定义

　　C. 编辑参照

3. 当阵列的特征间,没有规律可循,可以采用(　　　)阵列。

　　A. 方向阵列　　　　　　　　　　　B. 轴阵列

　　C. 表阵列　　　　　　　　　　　　D. 曲线

4. 需要创建对称特征时,优先采用(　　　)方式。

　　A. 复制　　　　　　　　　　　　　B. 镜像

　　C. 阵列　　　　　　　　　　　　　D. 组

6.9.3 操作题

按照下列图示尺寸,绘制三维模型。

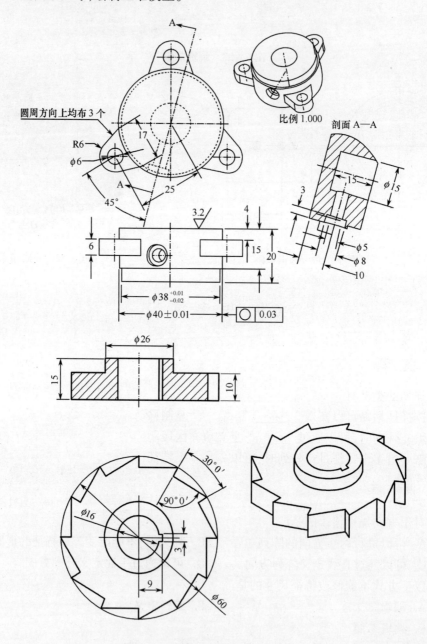

第7章　零件装配

学习要点：

（1）装配元件的约束类型。

（2）装配元件的操作过程。

（3）装配元件的显示样式。

（4）爆炸图。

7.1　组件的建立

零件是将不同的特征组合在一起，组件则是将不同的零件组合一起，Pro/E 允许将元件零件和子组件放置在一起以形成组件。

进行元件装配需在装组件模式式下进行，具体操作步骤如下：

（1）选择菜单中的【文件】→【新建】命令，弹出的"新建"对话框如图 7-1 所示，在该对话框中"类型"中选择"组件"，"子类型"中选择"设计"，在"名称"栏中可以输入组件名称，单击"确定"按钮后可进入组件模式。

（2）"新建"对话框中的"使用缺省模板"选项默认是选中的，取消该项，然后单击"确定"按钮。

（3）在"新文件选项"对话框中，可以选择组件的设计模板，如 mmns_asm_design（公制模板），如图 7-2 所示。

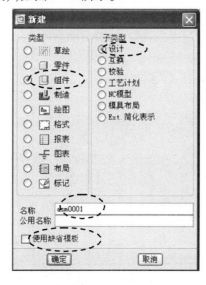

图 7-1　新建文件

图 7-2　选择模板

注意：模板文件决定了设计环境的配置,如设计单位、参数、关系等。

(4) 单击"新文件选项"对话框中的"确定"按钮,进入装配模式,如图7-3所示。

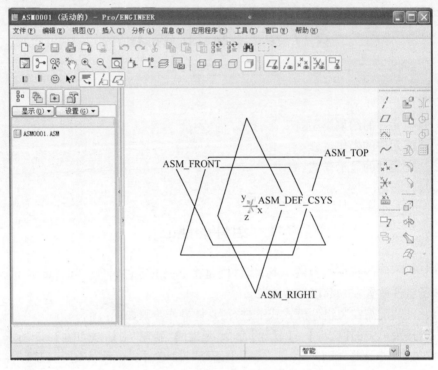

图7-3　装配界面

(5) 选择菜单中的【插入】→【元件】→【装配…】命令,或单击工具栏中的"装配"按钮,将弹出如图7-4所示的"打开"对话框。

图7-4　"打开"对话框

注意:在菜单中的【插入】→【元件】命令中包括以下几个选项,如图7-5所示。

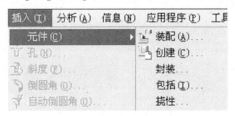

图7-5 "元件"选项

装配:将已有元件添加到组件。

创建:在组件模式下创建元件。

封装:在没有严格约束的情况下向组件中添加元件。

包括:在活动组件中包括没有放置的元件。

挠性:向组件中添加挠性元件。

(6)选择需装配的元件,然后单击对话框中的"打开"按钮,系统将弹出装配操控面板,如图7-6所示。

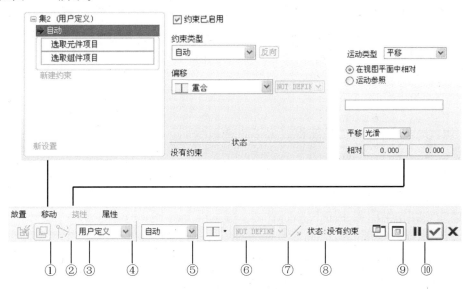

图7-6 装配操控面板

①—使用界面放置元件;②—手动放置元件;③—约束方式和连接方式之间切换;④—连接类型;
⑤—约束类型;⑥—元件的偏移方式;⑦—偏移距离;⑧—"匹配"(Mate)和"对齐"(Align)约束之间切换;
⑨—装配元件时,单独显示元件;⑩—装配元件时,在组件窗口中显示元件。

放置:在"放置"的上拉面板中,显示元件的约束类型、偏移类型,并且收集了约束参照对象,可以在其中删除或添加约束对象,上拉面板中"约束类型"与操控面板中⑤是一致的,如图7-7所示,"偏移"与操控面板中⑥是一致的,如图7-8所示。

偏移方式包括3种:重合,使元件参照和组件参照相互重合;定向,使元件参照平行于组件参照;偏移,根据输入的偏距值,相对于组件参照偏移元件参照。

"移动":在元件未完全约束或连接之前,可以使元件进行移动或旋转,调整元件的位置。

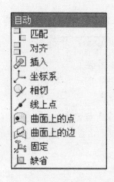

图7-7 约束类型   图7-8 偏移方式

注意:也可以使用组合键使未完全约束的元件移动。

Ctrl + Alt + 鼠标右键:平移装配元件;

Ctrl + Alt + 鼠标中键:旋转装配元件。

7.2 装配的约束类型

元件在进行装配时,通过不同的约束类型确定元件的空间位置,元件的空间位置往往需要几个约束类型才能确定。

装配的约束类型主要有自动、匹配、对齐、插入、坐标系、相切、线在点、曲面上的点、曲面上的边、固定及缺省。

1. 自动

采用自动的约束方式,系统将根据用户选取的约束对象,自动选择约束方式进行装配。

2. 匹配

采用匹配的约束方式,可以约束两个平面的位置,两平面的法向方向相反。配合"偏移方式"可实现两平面重合、两平面具有一定偏距等,如图7-9所示。

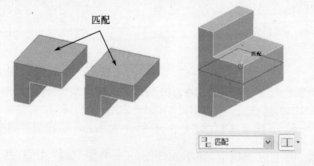

图7-9 匹配重合

在操控面板中将"偏移方式"选为"偏距" ，可以为两平面定义一定的偏距,如图7-10所示。

3. 对齐

使用"对齐"约束来对齐两个平面参照使其朝向相同,也可以约束两个轴线或两个点

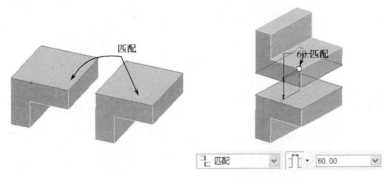

图 7 - 10 匹配偏移

重合。"对齐"约束可以将两个选定的参照对齐为重合、定向或者偏移,如图 7 - 11 所示。

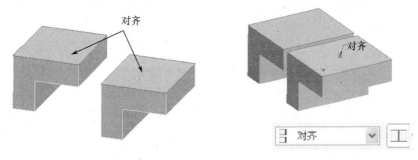

图 7 - 11 平面对齐

在操控面板中选择将"偏移方式"选为"偏距"⌐⌐,根据输入的偏距值,两平面之间会产生一定的偏距,如图 7 - 12 所示。

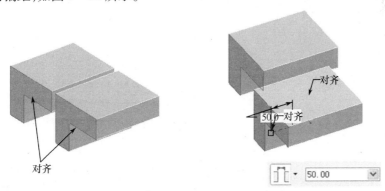

图 7 - 12 平面对齐偏移

当选取对象为元件中的轴时,系统会自动约束两元件"轴对齐",单击操控面板中的"放置"按钮,在其上滑面板中单击"反向"按钮(或单击操控面板中的 ⁄ 按钮)可调整两元件轴对齐的方向,如图 7 - 13 所示。

4. 插入

使用"插入"约束可将两装配元件中的一个旋转曲面插入另一元件中的旋转曲面中,且使它们各自的轴同轴,常见的旋转曲面包括圆柱、圆锥、球体等。所选取的旋转曲面的直径可以不相等,一般用于无法选取轴线或者不方便选取轴线的时候,如图 7 - 14 所示。

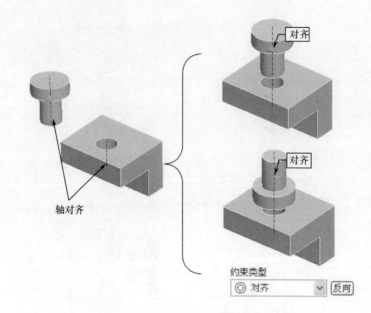

图 7 - 13　轴对齐

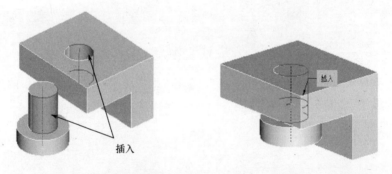

图 7 - 14　"插入"约束

5. 坐标系

用"坐标系"约束,可以使两元件间的坐标系对齐,或者将元件与组件的坐标系对齐,如图 7 - 15 所示。

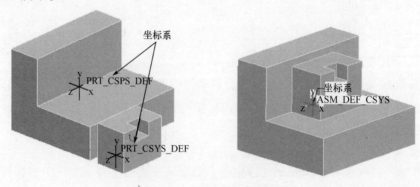

图 7 - 15　"坐标系"约束

6. 相切

用"相切"约束可以控制两个曲面在切点的接触。该约束的一个应用实例为凸轮与其传动装置之间的接触面或接触点,如图 7 – 16 所示。

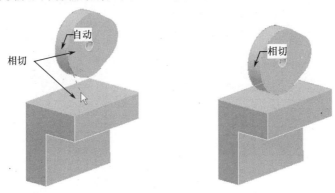

图 7 – 16　"相切"约束

7. 线上点

用"线上点"约束控制边、轴或基准曲线与点之间的接触。如图 7 – 17 示例中,直线上的点与边对齐。

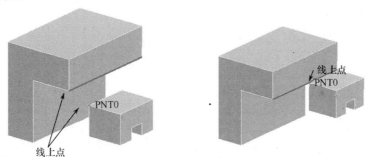

图 7 – 17　线上点约束

8. 曲面上的点

用"曲面上的点"约束可以控制曲面与点之间的接触。可以用零件或组件的基准点、曲面特征、基准平面或零件的实体曲面作为参照,如图 7 – 18 所示。

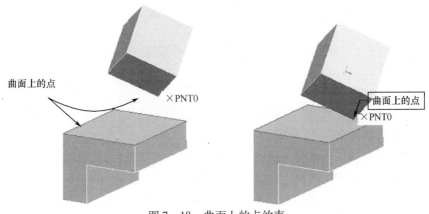

图 7 – 18　曲面上的点约束

9. 曲面上的边

使用"曲面上的边"约束可以控制曲面与平面边界之间的接触。可以用基准平面、零件上的平面或组件的曲面特征等,将模型上的边约束至曲面上,如图 7 - 19 所示。

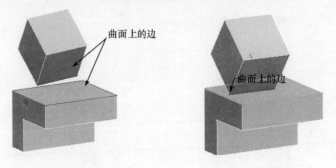

图 7 - 19　曲面上的边约束

10. 固定

采用"固定"约束可以固定被移动或封装的元件的当前位置。

11. 缺省

采用"缺省"约束,系统采用缺省方式进行装配,即元件的缺省坐标系与组件的缺省坐标系对齐,如图 7 - 20 所示。

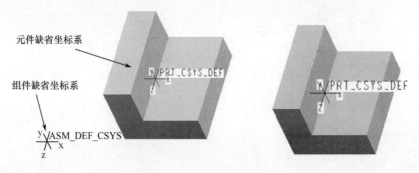

图 7 - 20　"缺省"约束

7.3　元件的操作

在装配的过程中,可以对组件中的装配元件进行激活、打开、删除、编辑定义等操作。

7.3.1　激活

当激活元件时,所创建的特征都会进入到该元件中,相当在零件模式下进行特征操作。激活元件的具体操作如图 7 - 21 所示。

(1) 在组件模型树中选择需激活的元件,或者在图形区域选取零件。

(2) 以鼠标右键单击零件,在右键菜单中选择"激活"命令。

激活组件的方法与激活零件方法一样,以鼠标右键单击组件,在右键菜单中选择"激活"命令即可。

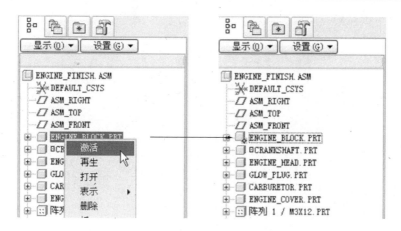

图 7 – 21　激活操作

7.3.2　打开

可以在组件中直接打开装配元件,即在组件模型树中以鼠标右键单击元件,然后在右键菜单选择"打开"命令,即可打开元件。

7.3.3　删除

可以在组件中直接删除装配元件,即在组件模型树中以鼠标右键单击元件,然后在右键菜单选择"删除"命令,即可删除元件。

7.3.4　编辑定义

如果需要重新定义元件的约束方式,可以通过"编辑定义"命令修改元件的装配方式,具体操作如下:

(1)在组件模型树中选择需打开的元件,或者在图形区域选取零件。

(2)以鼠标右键单击零件,在右键菜单选择"编辑定义"命令,如图 7 – 22 所示。

(3)在元件装配的操控面板中可以对编辑定义的元件进行装配编辑,如删除约束、添

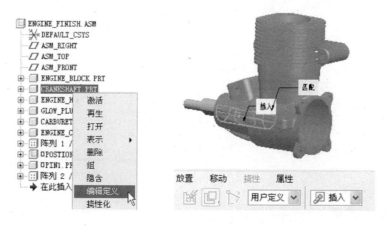

图 7 – 22　编辑定义装配元件

加新约束等,可以在操控面板的"放置"中进行操作,如图 7 – 23 所示。

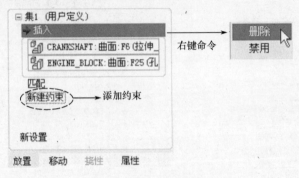

图 7 – 23　删除和添加约束

7.4　元件的显示

对于一些复杂的装配组件,在进行组件设计过程中,为了加快组建的再生或显示时间,可以使用"简化表示"提高工作效率,也可以通过定义元件的显示样式更加清晰地表达元件间的装配关系。

7.4.1　简化表示

使用"简化表示"可以加快组件的再生、检索和显示时间,从而提高工作效率。使用"简化表示"可控制将哪些组件成员调入进程并对其进行显示。例如,为加速再生和显示过程,可将复杂且无关的子组件从组件部分中临时删除。

选择菜单中的【视图】→【视图管理器】命令,或直接单击 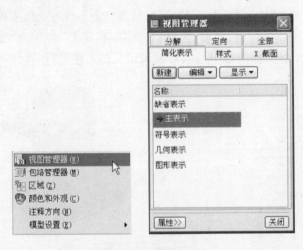 按钮,在弹出的"视图管理器"对话框中可以进行相应的操作,如图 7 – 24 所示。

图 7 – 24　视图管理器

"简化表示"选项卡中各项目的含义:

主表示:显示组件的全部细节,在模型树上列出所有元件被包括、排除或替换的状态。

符号表示:允许用符号表示元件。

几何表示:提供元件的完整几何,比图形表示需要更多的检索时间,在操作组件时可以进行修改或作为图形的参照。

图形表示:只包含显示信息,并允许快速浏览大型组件。不能进行修改或作为图形参照。

7.4.2 显示样式

可以指定元件在组件中的显示样式,如实体、线框、透明等。随着设计的不断扩大,有助于提高计算机性能。可以为组件中的元件指定以下显示样式:

线框:模型采用线框显示,包括隐藏线也以线框显示。

着色:将模型显示为着色实体。

透明:将模型显示为透明实体。

隐藏线:以"暗灰"色显示隐藏线。

无隐藏线:不显示隐藏线。

定义显示样式有两种方法。

方法1:

(1) 在组件模型树种或图形区域选取一个元件。

(2) 选择菜单中的【视图】→【显示造型】命令,如图7-25所示。

(3) 在"显示造型"选项中选择元件的显示样式。

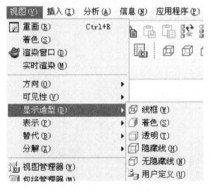

图 7-25 显示样式

方法2:

使用"视图管理器"中的"样式"选项,具体操作如下:

(1) 在组件中单击▦按钮,弹出"视图管理器"对话框。

(2) 单击对话框中的"样式"选项,然后单击"新建"按钮,此时需要定义样式名称,或采用系统默认的名称。

(3) 按回车键,打开"编辑"对话框,如图7-26所示。

(4) 单击"编辑"对话框中的"显示"选项卡,切换到"显示"对话框,如图7-27所示。

(5) 在"方法"列表中选择显示样式。

(6) 单击"✔"按钮,完成操作。

 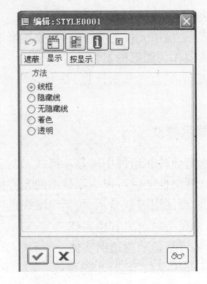

图 7 - 26 "编辑"对话框   图 7 - 27 "显示"对话框

7.5 创建分解视图

对于复杂的组件,为了清晰表达产品内部元件的结构,常常需要创建分解视图,在分解视图中可以将元件移动到不同的位置,如图 7 - 28 所示。

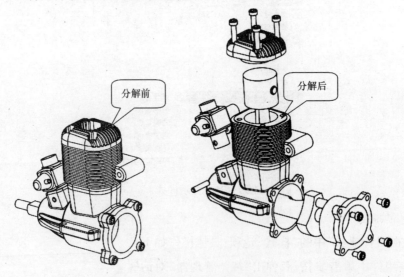

图 7 - 28 分解视图

分解视图也通过"视图管理器"创建,具体操作如下:

(1)在组件中,单击 按钮,或者选择菜单中的【视图】→【视图管理器】命令。

(2)在弹出的"视图管理器"对话框中单击"分解"选项,切换到"分解"状态。

(3)单击"新建"按钮,出现分解视图的默认名称,输入新的名称后,按回车键,该分解视图处于活动状态,如图 7 - 29 所示。

（4）单击"属性"按钮进行元件的位置定义或创建偏距线,如图 7 – 30 所示。

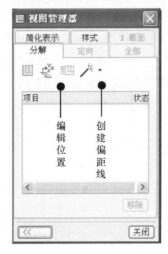

图 7 – 29　"分解"模式　　　　　　　图 7 – 30　分解属性

（5）单击"编辑位置"按钮 ,弹出"分解位置"对话框,如图 7 – 31 所示。

图 7 – 31　分解位置定义

"分解位置"对话框中各选项的说明如下:

① 选取的元件:选取需要移动的元件或子组件。

② 运动类型:定义元件或子组件的移动方式。

平移:定义元件移动方向后拖动鼠标可直接平移元件。

复制位置:通过复制元件移动后的位置,定义其他元件的位置。

缺省分解:采用该选项可以按照系统默认的位置定义元件位置。

重置:该选项可以将元件移动后的位置恢复到未移动的位置。

③ 运动参照:控制元件或子组件移动的方向。

视图平面:当前视图平面作为元件或子组件移动的参照。

选取平面:选取平面作为元件或子组件移动的参照。

图元/边:选取的边或轴作为元件或子组件移动的参照。

平面法向:沿着选定平面或基准平面的法向方向移动元件或子组件。

2 点:选取两个端点或基准点,以两点连线作为元件或子组件移动的参照。

坐标系:选取基准坐标系的 x 轴、y 轴或 z 轴作为元件或子组件的移动参照。

④ 运动增量：显示元件或子组件移动的尺寸增量。

⑤ 位置：显示元件或子组件相对移动的位置变化尺寸。

（6）位置编辑完成后，单击"分解位置"对话框中"确定"按钮。

（7）单击"视图管理器"中的"列表"按钮 <<... ，返回分解视图列表。

（8）选择菜单中的【编辑】→【保存】命令，打开"保存显示元素"对话框，单击该对话框中的"确定"按钮，然后单击"视图管理器"中的"关闭"按钮。

7.6　元件特征的显示

在组件中，往往需要对元件的特征进行修改操作，Pro/E 系统默认不显示零件下的特征，需显示零件特征时，可以单击模型树中的"设置"按钮，弹出如图 7 - 32 所示的列表，在其中选取"树过滤器"，弹出"模型树项目"对话框，在其中选中"特征"选项，如图 7 - 33 所示，完成后单击"确定"按钮退出。

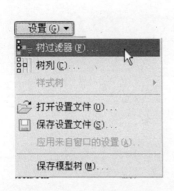

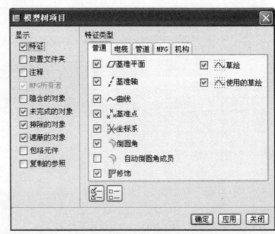

图 7 - 32　"设置"列表　　　　　图 7 - 33　"模型树项目"

7.7　装　配　范　例

范例描述：根据图 7 - 34 所示组件，装配元件，装配流程如图 7 - 35 所示。通过本次练习学员将掌握以下内容：

（1）组件的创建。

（2）按照约束方式装配元件。

（3）元件显示。

（4）装配阵列。

（5）重复装配元件。

（6）创建分解视图等。

装配的具体步骤如下：

起始文件：光盘\exercise\ch07

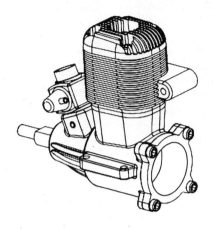

图 7 – 34　装配图

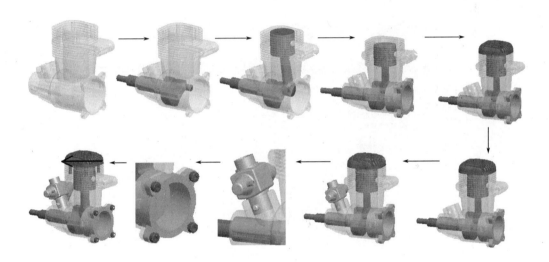

图 7 – 35　装配流程

1. 设置工作目录

首先将工作目录设置到光盘练习文件\exercise\ch07 下。

2. 创建新文件

创建零件文件,单击 按钮,输入名称 asm_01,取消"使用缺省模板",最后单击"确定"按钮,如图 7 – 37 所示。

在出现的"新文件选项"中,选择 mmns_asm_design 模板,然后单击"确定"按钮,如图 7 – 38所示。

3. 装配发动机外壳 engine. prt

单击 按钮,在工作目录中查找元件"engine. prt",并将其打开,如图 7 – 39 所示。

在弹出的操控面板中选择"缺省"的约束方式,如图 7 – 40 所示。

完成后,单击操控面板上的" ✔ "按钮,结束该元件的装配。

注意:一般装配第一个元件都采用"缺省"方式装配。

图 7 - 37　新建文件　　　　　　图 7 - 38　新文件选项

图 7 - 39　"打开"窗口

图 7 - 40　"缺省"约束

4. 装配曲轴 Crankshaft. prt

单击 ![按钮] 按钮，在工作目录中查找元件"crankshaft. prt"，并将其打开，如图 7 - 41 所示。

选取 CRANKSHAFT 上的圆柱面(元件参照项目)，然后再选取 ENGINE 上的圆柱面 (组件参照选项)，系统会自动采用"插入"约束方式，如图 7 - 42 所示。

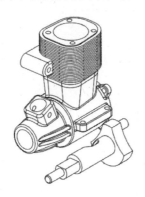 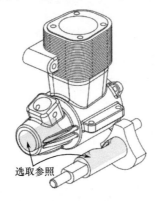

图 7 - 41　打开元件　　　　图 7 - 42　选取参照曲面

添加完一个约束后，，继续添加下面约束，为了便于参照对象选取，需移动 CRANK-SHAFT，可以采用组合键 Ctrl + Alt + 鼠标右键，将 CRANKSHAFT 元件沿轴向移动一定距离，结果如图 7 - 43 所示。

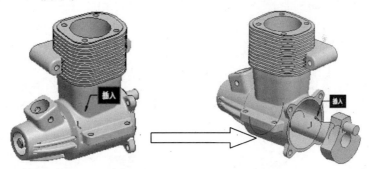

图 7 - 43　移动元件

选取 CRANKSHAFT 上的平面作为元件参照，然后再选取 ENGINE 中的内孔平面作为组件参照，如图 7 - 44 所示。

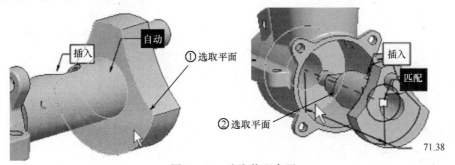

图 7 - 44　选取装配参照

193

单击操控面板上的"放置"按钮,在其上滑面板上选取"▭▮ 重合"的偏移方式,如图 7－45 所示,最后单击"✔"按钮,结束该元件的装配。

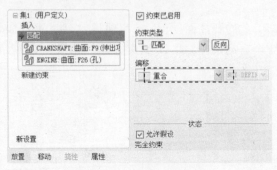

图 7－45　元件放置操控面板

5. 装配活塞部件 postion. asm

单击 按钮,在弹出的"打开"对话框中选择装配文件"postion. asm",并将其打开,结果如图 7－46 所示。

选取活塞上的圆柱面作为元件参照,然后再选取发动机外壳的内壁作为装配参照,通过参照的选取系统会自动采用"插入"的约束方式,如图 7－47 所示。

继续选取活塞中连杆的内孔曲面,然后再选取曲轴上圆柱曲面,系统自动采用"插入"的约束方式,如图 7－48 所示。

完成后单击操控面板上的"✔"按钮,结束该元件的装配,结果如图 7－49 所示。

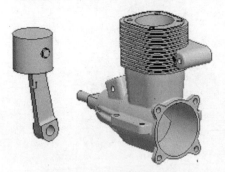

图 7－46　打开活塞部件

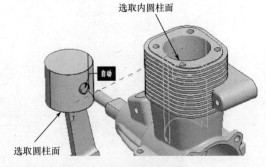

图 7－47　选取装配参照

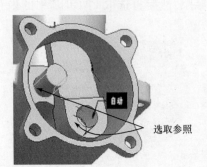

图 7－48　选取装配参照

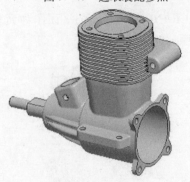

图 7－49　完成结果

注意:在进行元件装配的过程中,为了便于选取装配参照,可以采用组合键:

  Ctrl + Alt + 右键 平移元件

  Ctrl + Alt + 中键 旋转元件

在使用组合键的过程中,需要注意被移动元件是否受到平移或旋转的约束,元件在受到一定约束时,将无法实现平移或旋转移动。

6. 装配端盖 cover. prt

单击 按钮,在弹出的"打开"对话框中选取端盖"cover. prt",并将其打开。

选取端盖的端面及发动机外壳 ENGNER 的端面,如图 7 – 50 所示。单击操控面板上的"放置"按钮,在其上滑面板上选择偏移方式为" 重合",并单击"约束类型"中的"反向"按钮,将"对齐"方式切换成"匹配"类型,如图 7 – 51 所示。

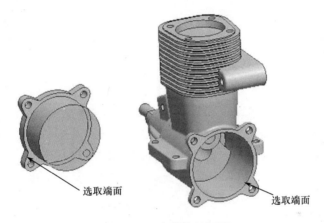

图 7 – 50　选取装配参照

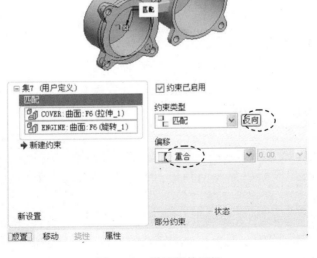

图 7 – 51　装配操控面板

继续添加约束,选取端盖上的圆柱面及发动机外壳上的内圆柱面,如图 7-52 所示,系统自动采用"插入"约束方式,完成后结果如图 7-53 所示。

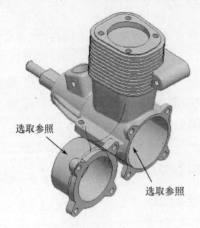
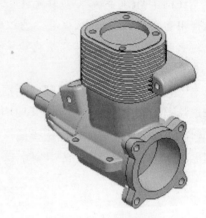

图 7-52 选取参照 　　　　　　　　　　　　　　图 7-53 完成结果

继续添加第 3 个约束,使元件完全约束,在绘图区域按住鼠标右键,在弹出的右键菜单中选取"新建约束"命令,如图 7-54 所示,然后选取端盖上螺钉孔的圆柱面及发动机外壳上相应的内孔曲面,如图 7-55 所示。

完成后单击操控面板上的"✔"按钮,结束该元件的装配

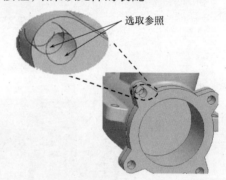

图 7-54 右键菜单 　　　　　　　　　　图 7-55 选取参照

注意:装配元件时,当采用两个约束方式还不能将元件完全装配好时,需要采用第 3 个约束方式时,需要通过"新建约束"命令才可以进行约束参照的选取。

7. 装配上盖元件 head. prt

单击 按钮,在弹出的"打开"对话框中选取端盖"head. prt",并将其打开。

选取上盖模型上轴 A_1 及发动机外壳上轴 CYL,进行对齐约束,如图 7-56 所示。

选取上盖底面及发动机外壳的顶面,进行匹配约束,偏移方式采用"重合",如图 7-57所示。

添加第 3 个约束,使元件完全约束,在绘图区域按住鼠标右键,在弹出的右键菜单中选取"新建约束"命令,然后选取上盖上螺钉孔的圆柱面及发动机外壳上相应的内孔曲面,采用"插入"约束方式,如图 7-58 所示。

装配完成后,单击操控面板上的"✔"按钮,结果如图 7-59 所示。

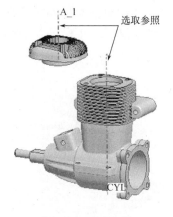

图 7 – 56　选取轴

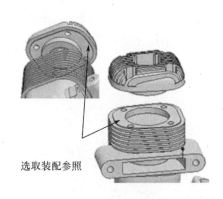

图 7 – 57　选取平面

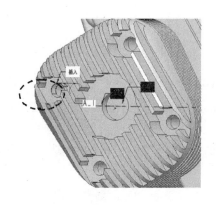

图 7 – 58　添加插入约束

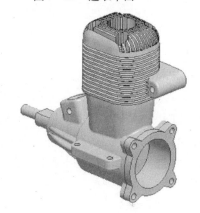

图 7 – 59　完成结果

8. 装配化油器 Carburetor. prt

单击 按钮,在弹出的"打开"对话框中选取化油器"carburetor. prt",并将其打开。

选取化油器上内孔曲面及发动机外壳内孔曲面,进行"插入"约束,如图 7 – 60 所示。

完成上一步约束后,化油器与发动机外壳相交,不便与后面装配的选取,可采用组合键 Ctrl + Alt + 鼠标右键,平移化油器,使其与发动机外壳分离。

选取化油器上小端面及发动机外壳上小端面,采用"□□ 定向"偏移方式,此时两参照面仅保持平面的关系,如图 7 – 61 所示。

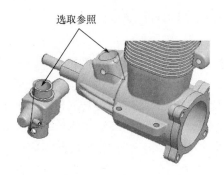

图 7 – 60　添加插入约束

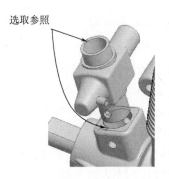

图 7 – 61　添加对齐(定向)约束

在图形区域按住鼠标右键,在右键菜单中选择"新建约束"命令,然后选取化油器上销孔圆柱面及发动机外壳上销孔圆柱面,采用"插入"约束方式,如图7-62所示。

装配完成后,单击操控面板上的"✔"按钮,结果如图7-63所示。

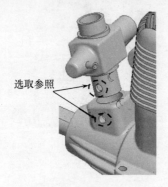
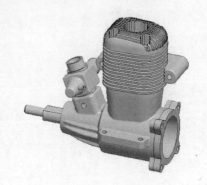

图7-62 添加插入约束　　　　图7-63 完成结果

9. 装配销钉 pin1. prt

单击 按钮,在弹出的"打开"对话框中选取端盖"pin1. prt",并将其打开。

选择销钉上 TOP 基准平面及组件中 ASM_RIGHT 基准平面,进行匹配(重合)约束,如图7-64所示。

选择销钉上曲面及发动机外壳上销钉孔曲面,进行"插入"约束,如图7-65所示。

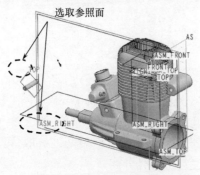

图7-64 添加匹配约束　　　　图7-65 添加插入约束

装配完成后,单击操控面板上的"✔"按钮,结束销钉的装配。

10. 装配端盖螺钉 bolt. prt

单击 按钮,在弹出的"打开"对话框中选取端盖"bolt. prt",并将其打开,在"选取实例"中选取 M3×5 的螺钉,如图7-66所示。

利用组合键 Ctrl + Alt + 右键(平移元件)及 Ctrl + Alt + 中键(旋转元件),调整螺钉位置,结果如图7-67所示。

选取螺钉上的圆柱面及端盖上的螺钉孔曲面,进行"插入"约束,如图7-68所示。

选取螺钉头部端面及端盖上端面,进行"匹配"约束,偏移方式采用"重合",如图7-69所示。

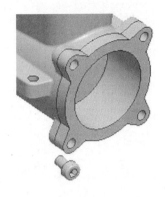

图 7 - 66　"选取实例"对话框　　　图 7 - 67　调整元件位置

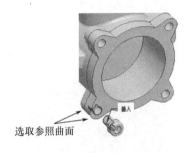

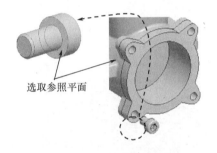

图 7 - 68　添加插入约束　　　图 7 - 69　选取参照

　　装配完成后,单击操控面板上的"✔"按钮,结束端盖螺钉的装配,结果如图 7 - 70 所示。

　　选择装配好的端盖螺钉,单击▦按钮,接受默认的"参照"方式进行阵列,单击操控面板中"✔"按钮,结果如图 7 - 71 所示。

图 7 - 70　装配螺钉结果　　　图 7 - 71　阵列螺钉

11. 装配上端盖螺钉 bolt. prt

　　单击按钮,在弹出的"打开"对话框中选取端盖"bolt. prt",并将其打开,在"选取实例"中选取 M3 × 12 的螺钉,如图 7 - 72 所示。

　　选取螺钉上圆柱面及上盖螺钉孔上圆柱面,进行"插入"约束,如图 7 - 73 所示。

　　选取螺钉头部端面及上盖平面,进行"匹配"约束,偏移方式采用"重合",如图 7 - 74 所示。

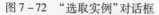

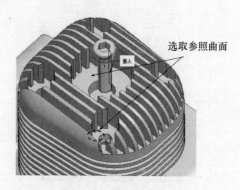

图 7 - 72　"选取实例"对话框　　　　　　　图 7 - 73　添加插入约束

装配完成后,单击操控面板上的"✔"按钮,结束上盖螺钉的装配,结果如图 7 - 75 所示。

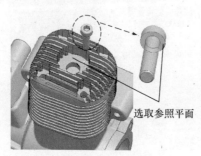

图 7 - 74　选取参照　　　　　　　　　图 7 - 75　完成结果

12. 重复装配上盖螺钉

上一步骤完成了一个上盖螺钉的装配,还有其余三个上盖螺钉,也是采用相同的装配方式,可采用"重复"装配,进行快速装配。

选择上一步装配好的上盖螺钉,然后选择菜单中的【编辑】→【重复】命令,如图 7 - 76 所示。

在弹出的"重复元件"对话框中,选择"可变组件参照"项的"插入"和"匹配"两个约束类型,然后在"放置元件"项中单击"添加"按钮,如图 7 - 77 所示。完成以上操作,就可以直接在上盖模型上选择装配参照了,选择上盖中与螺钉配合的内孔曲面及平面,选取完成后螺钉自动装配上上盖,如图 7 - 78 所示。

以同样的方式完成其余两个上盖螺钉装配,完成后如图 7 - 79 所示。

13. 定义显示样式

选择组件中发动机外壳"engine",然后选择菜单中的【视图】→【显示造型】→【无隐藏线】命令,如图 7 - 80 所示,组件显示如图 7 - 81 所示。

14. 干涉检查

选择菜单中的【分析】→【模型】→【全局干涉】命令,如图 7 - 82 所示,在弹出的"全局干涉"对话框中单击"计算"按钮 ，从分析的结果可以得出发动机外壳(ENIGER)和活塞上销钉(PISTION_PIN)之间存在干涉,如图 7 - 83 所示。

图7-76 "重复"命令菜单　　　　　图7-77 "重复元件"对话框

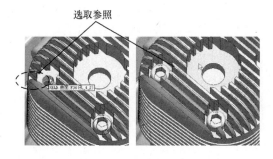

图7-78 选取上盖装配参照　　　　　图7-79 完成结果

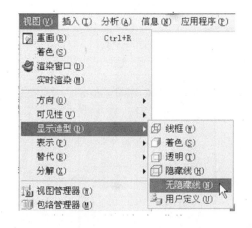

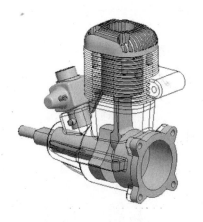

图7-80 "显示造型"菜单　　　　　图7-81 显示结果

15. 分解图创建

单击![]按钮,在弹出的"视图管理器"对话框中选择"分解",如图7-84所示。

单击"视图管理器"中的"新建"按钮,并采用默认的名称"Exp001",回车,如图7-85所示。

单击"视图管理器"中的"属性"按钮,切换到定义分解界面,如图7-86所示。

201

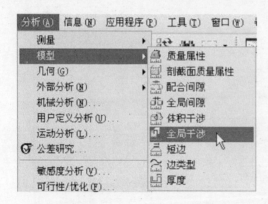

图 7 – 82　"干涉检查"菜单命令　　　　图 7 – 83　"全局干涉"对话框

图 7 – 84　分解视图　　　　　　　图 7 – 85　新建分解

单击图 7 – 86 中的"编辑位置"按钮，弹出"分解位置"对话框，如图 7 – 87 所示。

图 7 – 86　分解属性　　　　　　　图 7 – 87　定义分解位置

选择端盖上边作为分解的运动参照,为了实现多个元件同时移动,单击"分解位置"对话框中的"优先选项"按钮,在弹出的复选框中选择"移动多个"选项,然后单击"优先选项"对话框中的"关闭"按钮,如图 7 - 88 所示。

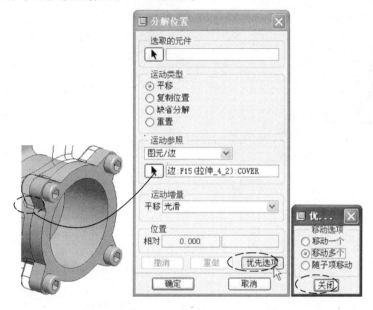

图 7 - 88　定义"运动参照"及"优先选项"

选择端盖(COVER)及端盖上四个螺钉,选择多个时按住 Ctrl 键选取,选择完成后单击鼠标中键确定,然后再单击鼠标左键确定移动参考位置,松开鼠标左键,拖动鼠标光标实现元件移动,移动到相应的位置后,单击鼠标左键确定元件移动位置,结果如图 7 - 89 所示。

单独移动端盖,继续选取端盖(COVER),单击鼠标中键确定,然后再端盖上任意位置单击左键,松开鼠标左键,拖动鼠标实现端盖的移动,单击左键确定端盖位置,移动后端盖位置如图 7 - 90 所示。

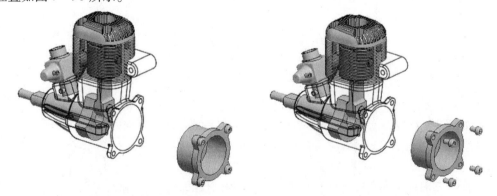

图 7 - 89　移动端盖及端盖螺钉　　　　　　图 7 - 90　移动端盖

以同样的方式移动曲轴(CRANKSHAFT),结果如图 7 - 91 所示。

在"分解位置"对话框中单击"运动参照"中的"拾取"按钮 ,选择上盖(HEAD)模型上的边作为运动参照,如图 7 - 92 所示。

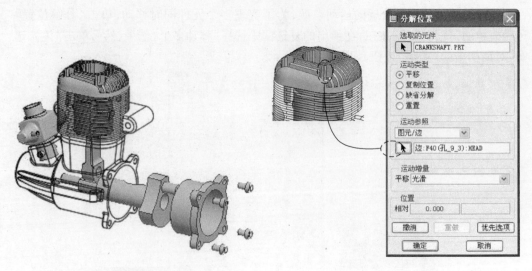

图 7-91 移动曲轴   图 7-92 改变运动参照

选择上盖然后按住 Ctrl 键选取四个上盖螺钉,将其移动到如图 7-93 所示的位置。单独移动上盖,选取上盖元件,移动到如图 7-94 所示的位置。

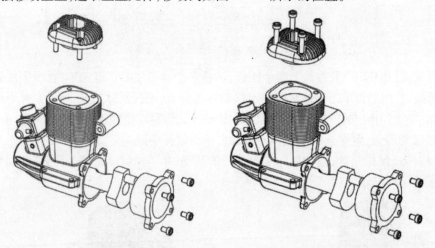

图 7-93 移动上盖及其上盖螺钉   图 7-94 移动上盖

在"分解位置"对话框中单击"优先选项"按钮,在其弹出的对话框中选择"随子项移动"项,如图 7-95 所示,然后单击"关闭"按钮退出"优先选项"复选框。

注意:采用"随子项移动"项,当移动某个元件时,与其相关的子装配元件一起跟随移动。

选择活塞部件中的活塞元件(POSITION),松开鼠标左键,拖动鼠标光标,移动到如图 7-96 所示的位置,单击鼠标左键确定位置。

在"分解位置"对话框中重新定义运动参照,选取化油器(CARBURETOR)上的边作为运动参照,如图 7-97 所示。

选择化油器元件(CARBURETOR),松开鼠标左键,拖动鼠标光标,移动到如图 7-98 所示的位置,单击鼠标左键确定位置。

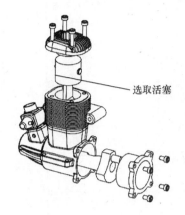

图 7 - 95　优先选项　　　　　图 7 - 96　移动活塞组件

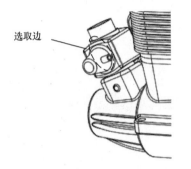

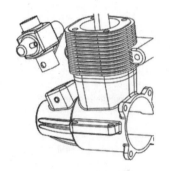

图 7 - 97　定义运动参照　　　图 7 - 98　移动化油器

重新定义运动参照,选择化油器上的边作为运动参照,如图 7 - 99 所示。选取销钉(PIN1),将其移动到如图 7 - 100 所示的位置。

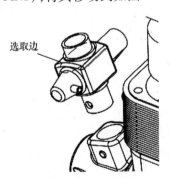

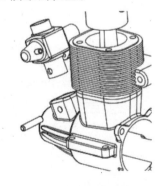

图 7 - 99　定义运动参照　　　图 7 - 100　移动销钉

单击"分解位置"对话框中的"确定"按钮,完成位置分解,如图 7 - 101 所示,然后单击"视图管理器"中的 ≪… 按钮,切换视图,如图 7 - 102 所示。

最后,选择名称列表中的"Exp001",在其右键菜单中选择"保存"命令,保持分解状态,如图 7 - 103 所示。

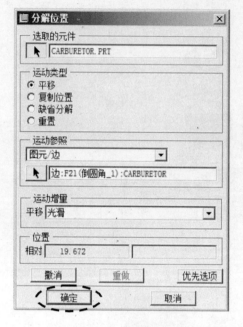

图 7 – 101 分解位置

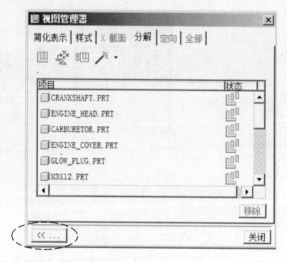

图 7 – 102 切换到视图管理器

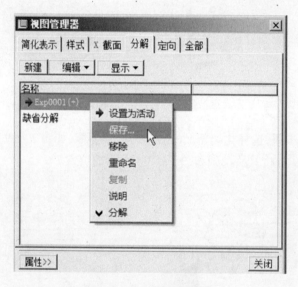

图 7 – 103 保存分解状态

第8章　工程图设计

学习要点：

（1）各类视图的建立。

（2）视图的编辑定义。

（3）尺寸标注。

（4）尺寸公差、几何公差标注、表面粗糙度创建。

（5）注释文本创建。

8.1　概　述

与传统的 2D 工程图不同，Pro/E 中的工程图是基于 Pro/E 中的三维模型，进行视图投影，并且可以将 3D 模型中的详细设计尺寸、设计参数等传递到 2D 工程图中，实现了 3D 模型与 2D 工程图的全相关性，如图 8-1 所示。

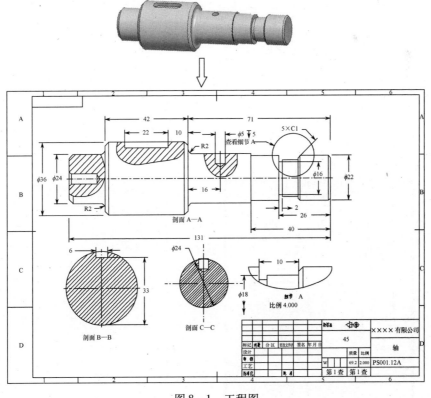

图 8-1　工程图

207

8.2　进入绘图模式

进入具体工程图的方法如下。

（1）选择菜单中的【文件】→【新建】命令，弹出"新建"对话框，如图 8-2 所示，在该对话框的"类型"栏中选择"绘图"，在"名称"栏中可以输入组件名称，单击"确定"按钮后可进入绘图界面。

（2）在"指定模板"中如使用 Pro/E 绘图模板，可选择"使用模板"项，然后在"模板"列表中选择相应的绘图模板，如图 8-3 所示。

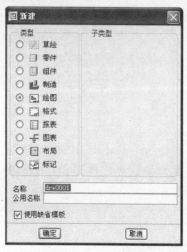

图 8-2　"新建"对话框

图 8-3　选择绘图模板

若不使用绘图模板而采用格式文件（图框文件），则可选择"指定模板"中的"格式为空"，如图 8-4 所示，然后在"格式"栏中单击"浏览"按钮查找相应的格式文件。

如果既不使用绘图模板也不使用格式文件，也可以选择"空"选项，在"方向"栏中选择方向（纵向、横向、可变），在此选择"纵向"，然后在"大小"栏选择"A4"标准的图纸格式，如图 8-5 所示。

图 8-4　选择绘图格式

图 8-5　自定义标准图纸

注意：

绘图模板可以包含工程图的图框信息、工程图的投影视图、工程图的绘图选项信息（如标注字体的高度、标注箭头样式、投影规则等），通常以 ＊.drw 的格式存在。

格式文件包含工程图的图框信息（如明细表、标题栏等）及工程图的绘图选项信息。

（4）单击"确定"按钮，进入绘图界面，如图 8-6 所示。

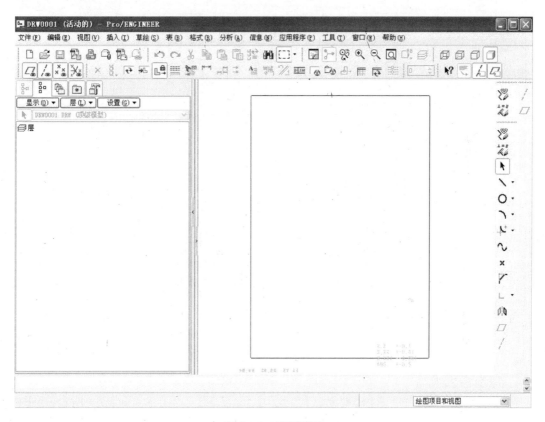

图 8-6　绘图界面

8.3　添加绘图视图

在 Pro/E 工程图中，绘图视图是其重要组成部分，Pro/E 中的视图类型主要有以下几种：

一般视图：用户自定义视图方向，与其他视图没有从属关系，在页面中第 1 个创建的绘图视图就是一般视图。

投影视图：沿一个视图的上方、下方、左方、右方投影的视图。

详细视图：对于视图中某些局部区域进行放大的视图。

辅助视图：一种沿所选曲面的垂直方向或轴方向进行投影的视图。

旋转视图：现有视图的一个剖面，它绕切割平面投影旋转 90°。

8.4 工程图范例

以套筒为例,它的图纸详细尺寸如图 8 - 7 所示。

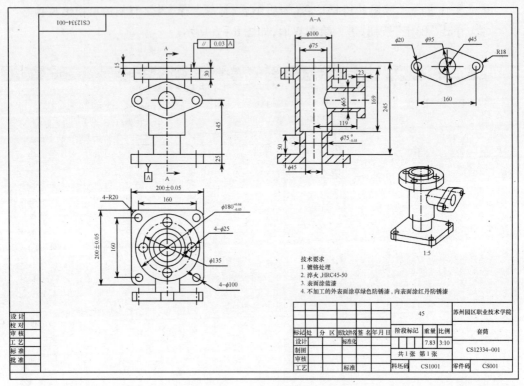

图 8 - 7 套筒详细尺寸

1. 任务说明

应用前面创建好的三维模型创建其工程图,Pro/E 中工程图主要包括创建视图、创建剖视、标注尺寸、标注公差、标注表面粗糙度、技术要求等内容。在 Pro/E 中创建工程图的主要流程如下:

(1) 创建视图。

(2) 标注尺寸和标注公差。

(3) 标注粗糙度等符号。

(4) 填写技术要求。

(5) 打印图纸。

2. 工程图创建步骤

起始文件:光盘\exercise\ch08\C01. prt

(1) 启动 Pro/E,打开 C01. prt 三维模型,如图 8 - 8 所示。

(2) 创建一个剖切截面。单击🔲按钮,在弹出的"视图管理器"对话框中选择"X 截面"选项,然后单击"新建"按钮新建一个剖面,输入名称为"A",如图 8 - 9 所示。

输入名称后,回车,弹出"菜单管理器"菜单,系统默认为"Planar(平面)"、"Single(单

图 8-8　打开模型

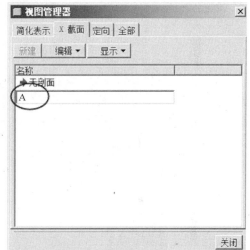

图 8-9　新建剖面

一）"（意思为采用单个平面剖切模型），接受系统默认选项，选择"Done（完成）"项，然后选择模型中的 TOP 基准平面，完成剖切模型创建，其过程如图 8-10 所示。

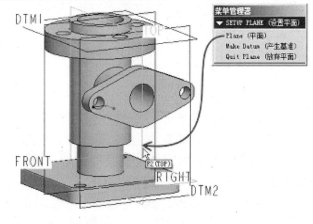

图 8-10　创建剖切

在"视图管理器"对话框中双击剖面 A,激活剖面 A 状态,结果如图 8-11 所示,同样双击"无剖面"可切换到无剖面状态。

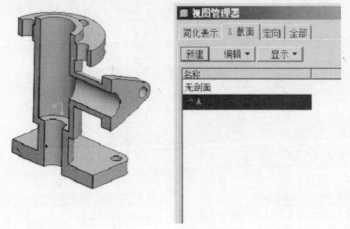

图 8-11　切换剖面状态

(3) 创建轴测视角。旋转模型将模型调整到如图 8-12 所示的视角状态,然后单击  按钮,弹出"方向"对话框,首先单击"已保存的视图"按钮展开对话框,然后输入名称"iso",完成后单击"保存"按钮,最后单击"确定"按钮完成视角创建,过程如图 8-13 所示。

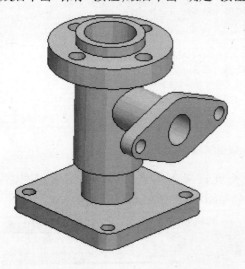

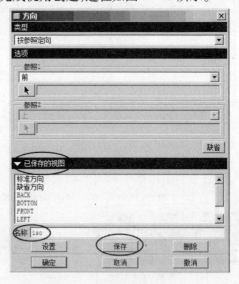

图 8-12　调整视角状态　　　　图 8-13　创建并保持视角

(4) 新建工程图。单击□按钮,在弹出的"新建"对话框中选择"绘图",然后输入新名称"C01",最后单击"确定"按钮,如图 8-14 所示。

在弹出的"新制图"对话框中选择"空"选项,然后从"缺省模型"选项中通过"浏览"按钮浏览到 a3. frm 文件,最后单击"确定"按钮,如图 8-15 所示。

(5) 导入符合国标的工程图配置文件。在绘图页面中单击右键,在右键菜单中选择"属性"选项,然后在"菜单管理器"中单击"Drawing Options(绘图选项)",如图 8-16 所示。

212

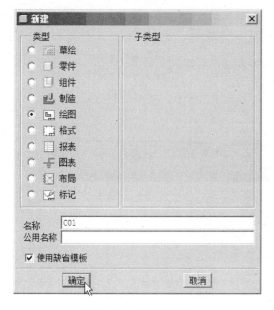

图 8-14　新建工程图

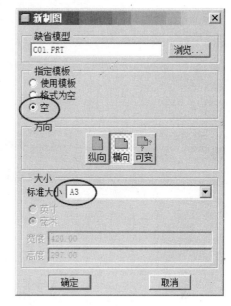

图 8-15　选择图框

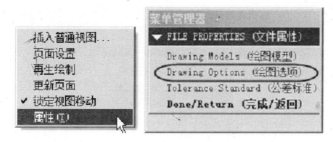

图 8-16　输入信息

在"选项"栏中单击 按钮，浏览光盘中的 exercise\ch08，打开 iso. dtl 文件，如图 8-17所示。

在"选项"栏中单击"应用"按钮，使用新的配置选项，最后单击"确定"按钮退出设置。

（6）创建普通视图。在图框中单击鼠标右键，在其右键菜单中选择"插入普通视图"命令，如图 8-18 所示。在弹出的"绘图视图"对话框中的"模型视图名"栏选择"TOP"，然后单击"应用"按钮，其左侧的投影视图就会按照新的方向进行投影，如图 8-19 所示。

（7）创建全剖视图。在"绘图视图"对话框中"类别"栏选择"剖面"项，然后选择"2D 截面"，接着单击 按钮添加剖面"A"，最后单击"应用"按钮查看剖视图，如图 8-20 所示。

（8）修改视图显示状态。在"绘图视图"对话框中"类别"栏选择"视图显示"项，在"显示线型"栏选择"无隐藏线"项，在"相切边显示样式"栏选择"无"项（分别表示不显示隐藏线和不显示切线），最后单击"确定"按钮，结果如图 8-21 所示。

（9）创建投影视图。选择上一步创建好的视图，然后按住鼠标右键，在右键菜单中选择"插入投影视图"命令，如图 8-22 所示，将光标移至视图的左侧，左键确定，如图 8-23 所示。

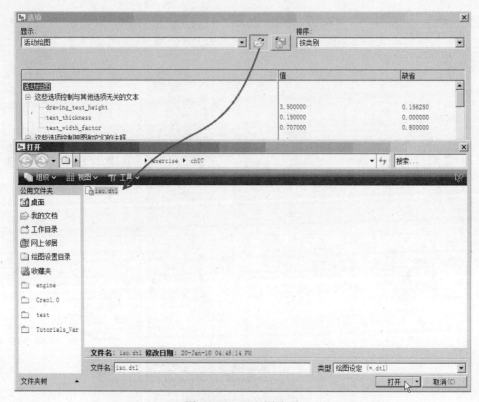

图 8 – 17　工程图选项

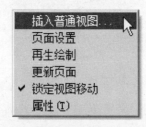

图 8 – 18　创建视图

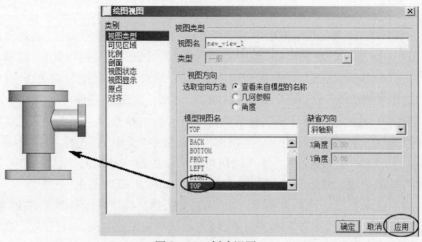

图 8 – 19　创建视图

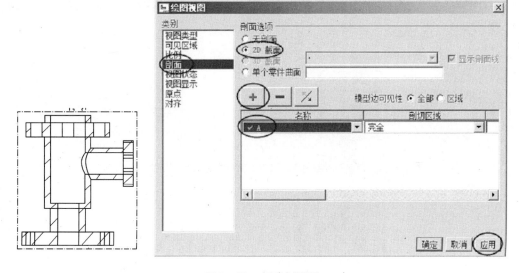

图 8 – 20　创建剖视图

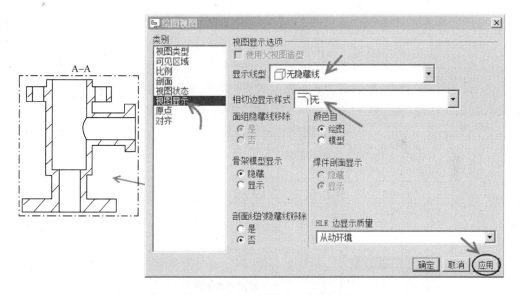

图 8 – 21　修改视图显示状态

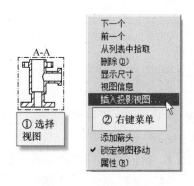

图 8 – 22　创建投影视图

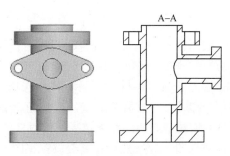

图 8 – 23　创建结果

以同样的方式,选择刚刚创建好的投影视图,再创建一个俯视投影视图,如图 8 – 24 所示。

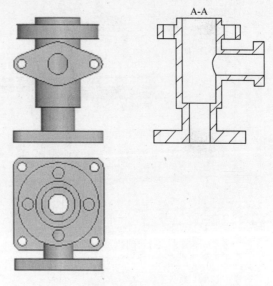

图 8 – 24　俯视图

(10) 创建单面视图。在无选择任何对象的前提下,按住鼠标右键,在右键菜单中选择"插入普通视图"命令,然后在需要放置视图的位置单击鼠标左键,放置视图,接着在弹出的对话框中选择"RIGHT"方向,并单击"应用"按钮,如图 8 – 25 所示。

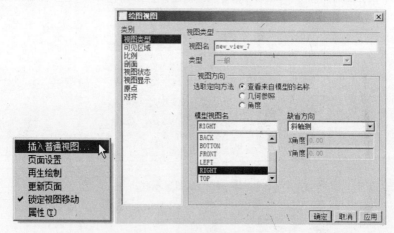

图 8 – 25　创建普通视图

在"绘图视图"对话框中选择"视图方向"中的"角度"选项,然后在"角度值"中输入"90"并单击"确定"按钮,如图 8 – 26 所示。

在"绘图视图"工具栏中,"类别"栏选择"剖面"项,然后选择"单个零件曲面",并选择模型上的曲面,完成后单击"确定"按钮,如图 8 – 27 所示。

(11) 创建轴测图。在无选择任何对象的前提下,按住鼠标右键,在右键菜单中选择"插入普通视图"命令,然后在需要放置视图的位置单击鼠标左键,放置视图,接着在弹出的对话框中选择"ISO"方向,并单击"确定"按钮,结果如图 8 – 28 所示。

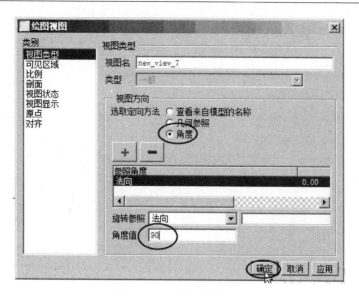

图 8 - 26　创建普通视图

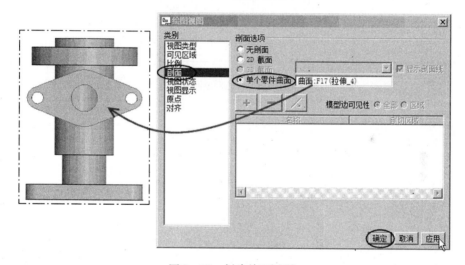

图 8 - 27　创建单面视图

（12）统一修改视图显示状态。选择三个着色显示的视图,然后单击鼠标右键,在右键菜单中选择"属性"项,如图 8 - 29 所示。在弹出的"绘图视图"对话框中设置视图显示状态,如图 8 - 30 所示。

（13）调整视图位置。在不选择任何对象的前提,单击鼠标右键,在其右键菜单中选择"锁定视图移动"项,如图 8 - 31 所示,然后选择视图可进行视图移动操作,结果如图 8 -32所示。

（14）显示轴线。选择菜单中的【视图】→【显示及拭除】命令(或单击 按钮),进入显示轴线的对话框,在其对话框中单击 ____ A_1 按钮选择基准类型,在"类型"栏选择中选择"轴",在"显示方式"栏选择"视图"然后选择需要显示轴线的视图,并勾选需要显示的轴线,如图 8 - 33 所示。

对于所显示的轴线,可以通过"选取保留"或"选取移除"按钮,进行轴线的移除,如图

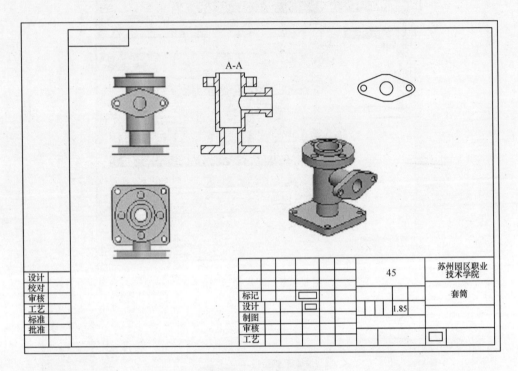

图 8－28　创建轴测图

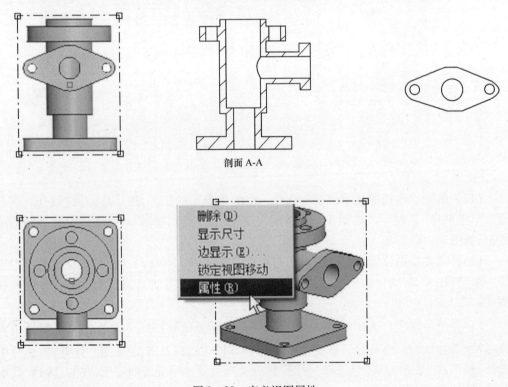

剖面 A-A

图 8－29　定义视图属性

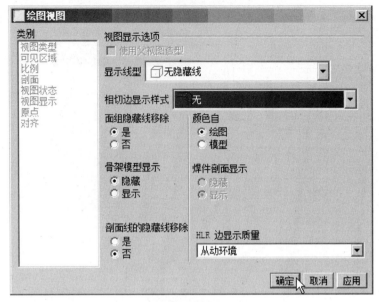

图 8-30　设置视图显示状态

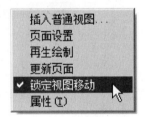

图 8-31　取消锁定视图移动

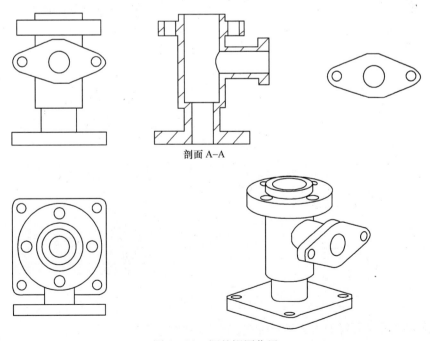

剖面 A-A

图 8-32　调整视图位置

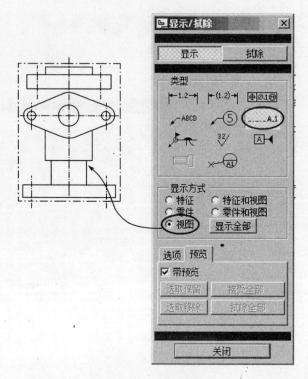

图 8 – 33　显示轴线

8 – 34 所示,单击"选取保留"按钮,然后在预览的轴线中选择需要保留的轴线。

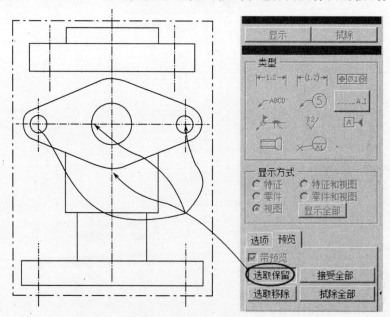

图 8 – 34　选取保留

其余视图采用同样的方式显示轴线,结果如图 8 – 35 所示。

(15)显示尺寸。首先,显示工程图中 3D 模型的模型树,单击模型树上方"显示"下

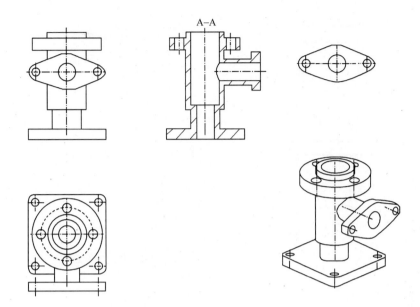

图 8 – 35　轴线显示

拉菜单中的"模型树"项,显示模型树,如图 8 – 36 所示。

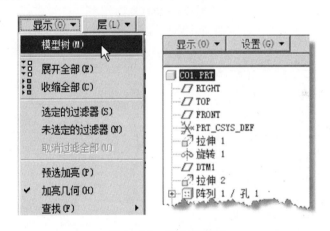

图 8 – 36　显示模型树

　　选择模型树中的"拉伸 1",单击鼠标右键,在右键菜单中选择"显示尺寸",如图 8 –37 所示,在弹出的对话框中勾选所有尺寸。

　　通过鼠标拖拽尺寸,调整其位置,结果如图 8 – 38 所示。

　　在图 8 – 37 中选择尺寸"25",单击鼠标右键,在其右键菜单中选择"将项目移动到视图"项,然后选择主视图,将其移动到主视图中,如图 8 – 39 所示。

　　在图 8 – 37 中选择尺寸"25",然后按住鼠标右键,选择"反向箭头"项可以切换箭头方向,如图 8 – 40 所示。

　　采用同样的方式,分别显示其余特征尺寸,结果如图 8 – 41 所示。

　　以上是通过系统自动显示尺寸的方式标注尺寸,用户也可以通过"标注尺寸"按钮 进行手动标注尺寸,标注方式与草绘中标注尺寸方式类似,在此不再赘述。

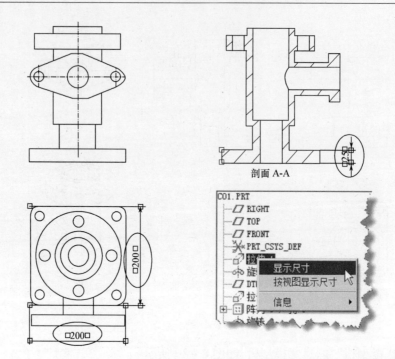

图 8-37 显示尺寸

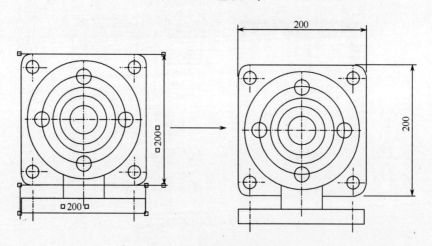

图 8-38 调整尺寸位置

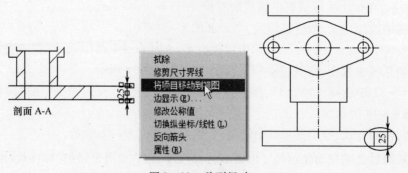

图 8-39 移到尺寸

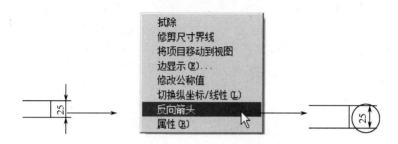

图 8-40　切换箭头方向

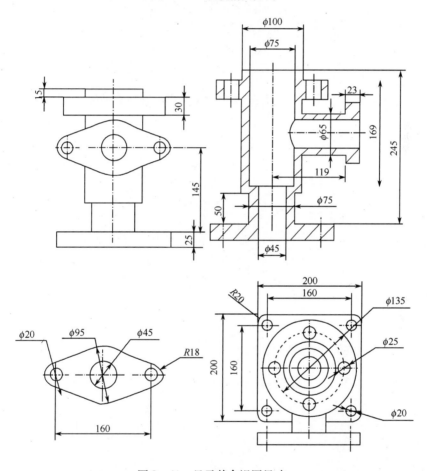

图 8-41　显示其余视图尺寸

（16）修改尺寸文本方向。在图 8-41 中选择尺寸"R20"，然后按住鼠标右键，在右键菜单中选择"属性"项，如图 8-42 所示，弹出"尺寸属性"对话框，在其中选择"文本方向"中的"位于延伸弯头上方"项，尺寸文本方向如图 8-43 所示。

（17）公差标注。在图 8-41 中选择水平方向标注"200"的尺寸，单击鼠标右键，在右键菜单中选择"属性"项，在弹出的"尺寸属性"对话框中，选择"公差模式"为"＋－对称"，选择"公差表"为"无"，接着再输入公差值"0.05"，如图 8-44 所示。

上下偏差标注，其"公差模式"设置为"加－减"，如图 8-45 所示，完成后结果如图 8-46 所示。

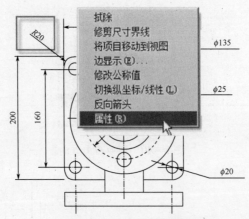

图 8-42 编辑尺寸属性

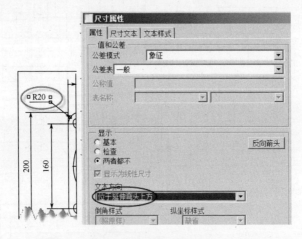

图 8-43 调整文本方向

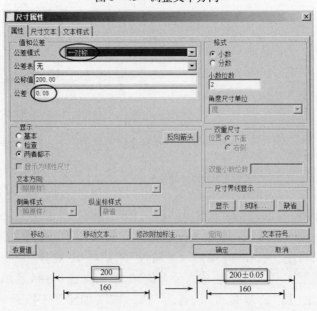

图 8-44 标注公差值

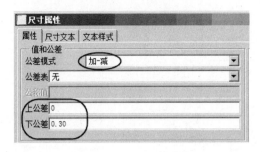

图 8-45　设置上下偏差

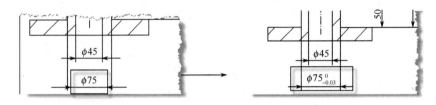

图 8-46　完成结果

（18）在尺寸上添加前后缀。选择需要添加前后缀的尺寸，在其对"属性"对话框中选择"尺寸文本"，然后在"前缀"中输入前缀"4-"，结果如图 8-47 所示。

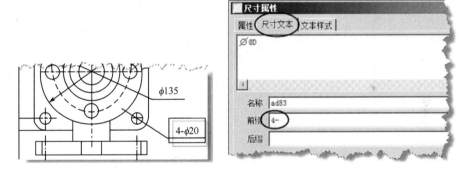

图 8-47　添加前缀

采用相同的方式，完成其余尺寸的公差及前缀的添加，结果如图 8-48 所示。

（19）创建基准代号，选择菜单中的【插入】→【模型基准】→【平面】命令，如图 8-49 所示，在弹出的"基准"对话框中按照①-②-③-④的顺序依次进行操作，如图 8-50 所示，创建基准代号完成后可以通过鼠标选取基准代号进行拖拽调整，结果如图 8-51 所示。

（20）添加几何公差。选择菜单中的【插入】→【几何公差】命令，在弹出的"几何公差"对话框中按照①-②-③的顺序进行操作，如图 8-52 所示。

将"几何公差"对话框切换到"基准参照"项，然后在"基本"栏中选择"A"，如图8-53 所示。

在"几何公差"对话框中选择"公差值"，在"总公差"中输入"0.03"，如图 8-54 所示。

在"几何公差"选项中选择"模型参照"，在"放置类型"中选择"法向引线"，然后选择模型上表面，最后单击中键确定放置，如图 8-55 所示。

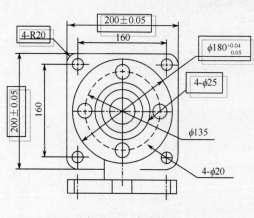

图 8-48 完成结果

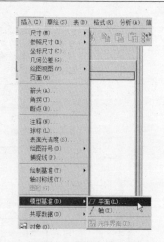

图 8-49 选择创建基准平面

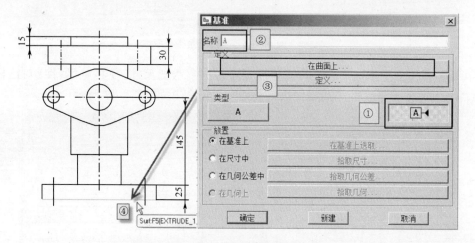

图 8-50 按顺序进行操作

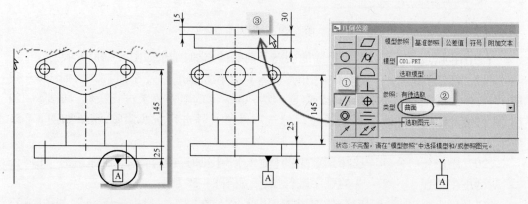

图 8-51 完成后的基准代号　　　　　　图 8-52 选择参照曲面

（21）创建技术要求。技术要求等文字类说明内容,如图 8-56 可以通过 Pro/E 中的注释功能,进行创建。

选择菜单中的【插入】→【注释】命令,在弹出的菜单管理器中,选择"无引线",其他采用系统默认设置,然后单击"制作注释"按钮开始创建文本内容,在弹出的输入对话框

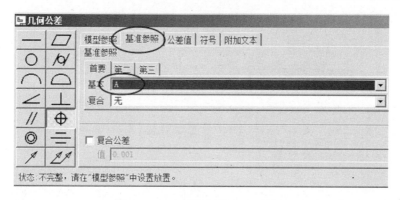

图 8 - 53　选择几何公差放置类型

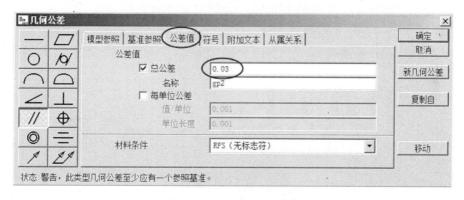

图 8 - 54　定义几何公差值

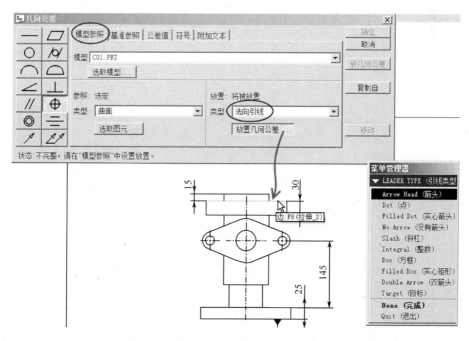

图 8 - 55　选择基准参照

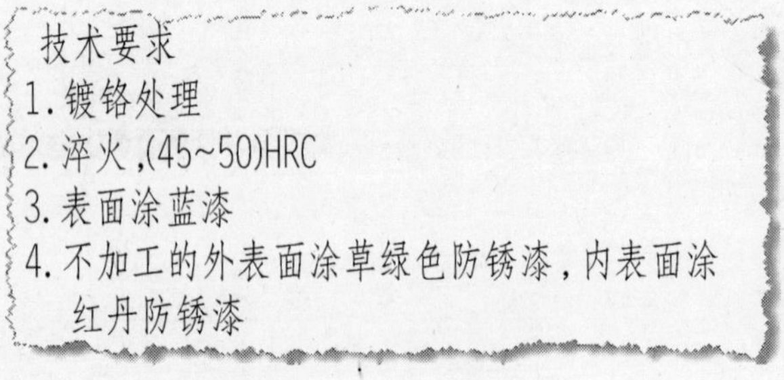

技术要求
1.镀铬处理
2.淬火,(45~50)HRC
3.表面涂蓝漆
4.不加工的外表面涂草绿色防锈漆,内表面涂
红丹防锈漆

图 8-56　技术要求

中输入内容,换行或完成操作可单击“√”按钮。

(22) 显示剖切箭头。选择创建好的剖视图,单击鼠标右键,在右键菜单中选择“添加箭头”命令,最后再选择其左侧的视图,剖切箭头将创建在左侧的主视图中,通过鼠标选取剖切箭头,可进行拖拽调整,结果如图 8-57 所示。

删除(D)
显示尺寸
视图信息
清除尺寸
插入投影视图...
在树中使用模型
边显示(E)...
添加箭头
锁定视图移动
属性(R)
A
A

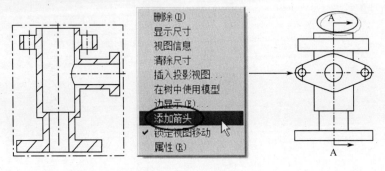

图 8-57　添加箭头